Arbeitsquantentheorie

Georg Quaas

Arbeitsquantentheorie

Mathematische Grundlagen der Werttheorie

PETER LANG
Frankfurt am Main · Berlin · Bern · Bruxelles · New York · Oxford · Wien

Die Deutsche Bibliothek - CIP-Einheitsaufnahme

Quaas, Georg:

Arbeitsquantentheorie : mathematische Grundlagen der Werttheorie / Georg Quaas. - Frankfurt am Main ; Berlin ; Bern ; Bruxelles ; New York ; Oxford ; Wien : Lang, 2001
ISBN 3-631-37581-6

Gedruckt auf alterungsbeständigem,
säurefreiem Papier.

ISBN 3-631-37581-6

Printed in Germany 1 2 3 4 . 6 7

INHALTSVERZEICHNIS

1. VORGRIFFE: DIE ARCHITEKTONIK DER ARBEITSQUANTENTHEORIE

Die Ökonomie beschreibt eine Struktur, in der die Menschen ihren Stoffwechselprozeß untereinander und mit der Natur regeln. Genauer gesagt handelt es sich nicht nur um *eine* Struktur, sondern um ein *komplexes System vom Verhältnissen*, in dem sich analytisch mehrere Strukturebenen unterscheiden lassen. Im folgenden wird die Auffassung vertreten, daß unter allen gesellschaftlichen Bedingungen die *gebrauchswertmäßig-stoffliche Struktur* ein notwendiger Bestandteil jenes Komplexes ist.[1] Wirtschaften ist faktisch undenkbar ohne Gebrauchswerte, die produziert, verteilt und konsumiert werden. Und da die menschliche Existenz auf Dauer nur im Plural vorgestellt werden kann, erfolgt die Produktion, Verteilung und Konsumtion der Gebrauchswerte notwendigerweise in einer - wenn auch noch so primitiven - *Struktur*. Es ist die Aufgabe des 2. Kapitels, ein differenziertes analytisches Instrumentarium zu entwickeln, mit dessen Hilfe die naturale Struktur einer beliebigen Ökonomie erfaßt werden kann.

Die "naturale Struktur" ist weder ein Fixum, das für alle gesellschaftlichen Systeme auf genau dieselbe Weise vorhanden wäre, noch ist die hier erfolgende theoretische Darstellung der gebrauchswertmäßig-stofflichen Struktur für alle Ökonomien gleichermaßen relevant. Vielmehr ist es so, daß durch die folgende Darstellung solche Momente und Strukturzusammenhänge hervorgehoben werden, die man beachten muß, wenn man *warenproduzierende* Gesellschaften unter gebrauchswertmäßig-stofflichem Aspekt betrachtet. - Auch diese Relativierung könnte noch weiter präzisiert werden, da sich sehr verschiedene Momente theoretisch fixieren und als Bestandteil der naturalen Struktur warenproduzierender Gesellschaften darstellen lassen. Das vorliegende Interesse beschränkt sich beispielsweise auf solche Momente und Strukturzusammenhänge, die für die Darstellung der Wert- und Preisstruktur von Ökonomien warenproduzierender Gesellschaften relevant sind.

Die Bedeutsamkeit der im 2. Kapitel dargestellten Zusammenhänge kann von der Natur der Sache her nicht a priori eingesehen werden. Sie ergibt sich erst aus der Darstellung der wertmäßigen - und dann später auch der preismäßigen - Strukturen im 3. bzw. 5. Kapitel, insofern nämlich die Darstellung dieser Strukturen die Darstellung der gebrauchswertmäßig-stofflichen Struktur voraussetzt und in sich aufnimmt. Dies bedeutet, daß hier nicht nur scharf zwischen drei Strukturen unterschieden wird, die zur Ökonomie warenproduzierender Gesellschaften gehö-

[1] Im folgenden abkürzend auch als "naturale" oder "physische" Struktur bezeichnet, was in Hinsicht auf ihre soziale Verfaßtheit nicht ganz korrekt ist.

ren, nämlich zwischen der gebrauchswertmäßig-stofflichen, der wertmäßigen und der preismäßigen Struktur, sondern daß auch ein bestimmter, asymmetrischer Zusammenhang zwischen diesen Strukturen behauptet wird, der wissenschaftstheoretisch durch den Begriff der *Konkretion* auf den Punkt gebracht wird: in der angegebenen Reihenfolge setzen sich die Strukturen voraus; die jeweils folgende enthält die vorangegangene Struktur als "aufgehobenes Moment" in sich.
Aber das sind an dieser Stelle nichts als Vorgriffe, die ganz zu unrecht den Eindruck erwecken könnten, als sollte einmal erneut eine dialektische Konstruktion à la Hegel propagiert werden. In Wirklichkeit handelt es sich um eine überwiegend mathematische Darstellung ökonomischer Zusammenhänge, die sich eher an *Bortkiewicz* und *Sraffa* als an *Hegel* und *Marx* orientiert.
Mathematische Abhandlungen sind allerdings nicht jedermanns Sache. Außerdem verleiten sie leicht dazu, sich in technische Einzelheiten zu verlieren. Die "Vorgriffe" in diesem Kapitel dienen dazu, dem Leser einen gewissen, wenn auch schematischen Überblick über das Folgende zu vermitteln. Beweise für die hier aufgestellten Thesen müssen in den weiteren Kapiteln gesucht werden.

1.1. DIE GRUNDLEGENDEN KATEGORIEN

Die Kategorien *Gebrauchswert*, *Wert* und *Preis* werden am Anfang des 2., 3. und 5. Kapitels begrifflich bestimmt. Aufgrund der historischen Problemlage wird sich der Zweifel besonders auf die hier verwendete Definition des Wertbegriffes richten - welche es auch immer sein mag. Den streitbaren Begriffsexperten verschiedener Couleur muß ich aber insofern eine Enttäuschung bereiten, als die Rechtfertigung der eingeführten Begriffe überhaupt nicht mit irgendwelchen metaphysischen oder historischen Argumenten herbeigeredet werden soll, sondern allein in der Zweckmäßigkeit der theoretischen Darstellung besteht, die die Definitionen ermöglichen. Vielleicht sollte ich nicht einmal von Definitionen reden, da diese oft als etwas Fixes angesehen werden, das dann der folgenden theoretischen Darstellung unveränderlich zugrunde liegt. Eine solche Betrachtungsweise ist allerdings nur unter pädagogischem Gesichtspunkt empfehlenswert. In Wahrheit ist es so, daß sich anfängliche Definitionen - soweit es sich nicht um rein formale handelt - mit dem Ausbau der Darstellung verändern müssen, der sie zugrunde liegen. In diesem Sinne werde ich auch jeder präziseren Definition zustimmen, die auf der Grundlage einer Weiterentwicklung der substantiellen Aussagen der

Arbeitsquantentheorie (im weiteren: AQT) im Rahmen dieses mathematischen Ansatzes vorgeschlagen werden.

Die Anwendung der Mathematik auf eine spezielle Wissenschaft ist keineswegs eine bloße "Quantifizierung". Sicherlich geht es gerade in der Ökonomie sehr stark um die Darstellung quantitativer Verhältnisse, aber dies ist nur auf der Basis begrifflich bestimmter Qualitäten möglich. Komplexe quantitative Strukturen beinhalten darüber hinaus selbst verschiedene Qualitäten, die begrifflich erfaßt werden müssen. Die mathematische Darstellung der AQT stellt deshalb ein ausgewogenes Ineinander von begrifflich bestimmten und zu bestimmenden Qualitäten einerseits und mathematisch dargestellten und darzustellenden Quantitäten andererseits dar.

1.2. GEBRAUCHSWERT, WERT UND PREIS ALS STRUKTUREN

Ein entscheidender Gesichtspunkt für die Weiterentwicklung der von *Adam Smith*, *David Ricardo*, *Karl Marx*, *Wolfgang Mühlpfordt*, *Ladislaus v. Bortkiewicz* u.v.a.m. vertretenen Arbeitswertlehre besteht m.E. in der klaren theoretischen Differenzierung zwischen der gebrauchswertmäßig-stofflichen, der wertmäßigen und der preismäßigen Struktur einer marktwirtschaftlichen Ökonomie. Insbesondere ermöglicht erst eine detaillierte und von den Kategorien "Wert" und "Preis" völlig unabhängige Darstellung der "naturalen Struktur" die Rekonstruktion der grundlegenden Aussagen der Werttheorie. Diese Struktur definiert gewissermaßen einen Spielraum, in dem sich Wert- und Preisverhältnisse etablieren können. So wie keine Ökonomie ohne Gebrauchswerte gedacht werden kann, so sind auch Wert- und Preisstrukturen außerhalb der von der gebrauchswertmäßig-stofflichen Struktur definierten Grenzen unmöglich.

Ähnliches läßt sich von der Wertestruktur in Bezug auf die Preisstruktur wahrscheinlich nicht sagen. Für einen Arbeitswerttheoretiker wäre es sicherlich wünschenswert, wenn man die Notwendigkeit der Wertestruktur für die Erklärung der Preisstruktur in dem gleichen Sinne behaupten könnte wie die Notwendigkeit der naturalen Struktur für die Werte- und Preisstruktur. Doch auch dann wäre *die Existenz* einer Wertestruktur immer noch eine *offene Frage*. Es ist eine Aufgabe dieses Buches, diese Frage so genau wie möglich zu stellen und verschiedene Antwortmöglichkeiten aufzuzeigen. Dabei könnte sich durchaus die bekannte Vermutung bestätigen, daß die Arbeitswertlehre redundant, d.h. für die Erklärung der Preisstruktur überflüssig ist. Dies würde zwar die Bedeutung dieser Theorie

erheblich einschränken, aber nicht völlig aufheben. Vielmehr müßte dann die Frage gestellt werden, welche anderen, nicht preismäßig erfaßbaren Effekte die Wertestruktur gegebenenfalls haben könnte.
Daß Gebrauchswert, Wert und Preis vor allem als Strukturen erfaßt werden müssen, bedingt die extensive Anwendung der Mathematik in diesem Buch. Im 2. Kapitel wird stellenweise deutlich gemacht, daß eine rein begriffliche (verbale) Darstellung der untersuchten Verhältnisse aufgrund ihrer Komplexität äußerst unpraktikabel wäre. Es ist allemal leichter, sich ein paar Kapitel Matrizenrechnung zu Gemüte zu führen als zu versuchen, derart komplexe Verhältnisse verbal zu formulieren. Um dieses wissenschaftliche Niveau, auf dem sich m.E. Überlegungen zur Arbeitswertlehre heute bewegen müssen, schon im Titel zu fixieren, habe ich das Projekt *Arbeitsquantentheorie* (AQT) genannt. Zugegebenermaßen knüpft dieser Titel an umgangssprachliche Vorstellungen von der Mathematik an. Dem Kenner ist klar, daß die Mathematik keineswegs nur Quantitäten thematisiert. Mit dem Titel soll auch nicht unterstellt werden, daß die ökonomische Größe des Wertes in atomare Quanten aufgespalten werden müßte, wie man durch den Anklang an die physikalische Quantentheorie vermuten könnte. Der Titel soll lediglich die Rolle betonen, die quantitativ bestimmte Arbeitsmengen (eben Arbeitsquanten) für die Determination *des* zentralen Begriffes der *Wert*theorie spielen.

1.3. SCHWERPUNKTE DES BUCHES

Im *2. Kapitel* wird aufgrund einer sehr allgemeinen Definition des Gebrauchswertbegriffs ein mathematisches, an der Matrizenrechnung orientiertes Instrumentarium entwickelt, mit dem auf der Grundlage üblicher Meßprozesse von Gebrauchswerten im Zirkulationsprozeß (z.B. auf dem Markt) verschiedene Momente der "naturalen Struktur" dargestellt werden können. Dabei handelt es sich vor allem um das (gebrauchswertmäßige) Bruttoprodukt und seinen Zusammenhang mit der Verteilung der Arbeitszeiten, Arbeitskräfte und Produktivitäten auf die verschiedenen Industriezweige. Die Produktion von Gebrauchswerten sowie der Verbrauch von Konsumtions- und Produktionsmitteln unterstellen eine Darstellung des Gebrauchswerts als veränderliche Größe. Dies erfordert lediglich eine interpretatorische Erweiterung der anhand von statischen Strukturen eingeführten Gleichungen. Sowohl der Produktionsprozeß als auch der Konsumtionsprozeß (insofern er für die Reproduktion der Arbeitskräfte notwendig ist) werden differenziert nach Industriezweigen, Gütersorten und Perioden dargestellt. Dies ist die (mathematische) Grundlage für die Definition des komplexen Begriffes der gebrauchswertmäßig-stofflichen Struktur, der über seine eingangs verwendete abstrakte Vorstellung weit hinausgeht, indem jene bereits genannten Dimensionen auch noch nach Resultat, Verlauf und Ausgangsbedingungen differenziert werden. Das Ganze ermöglicht es, Produktion und Konsumtion, die sich in aufeinander folgenden Perioden in bestimmter Weise voraussetzen, als einen Reproduktionsprozeß zu fassen, der entweder sich ausdehnt, schrumpft oder konstant bleibt. Diese elementaren Entwicklungsmöglichkeiten werden hier allein auf Basis stofflicher Momente, und zwar auf die wahrscheinlich einfachst mögliche Weise, erfaßt. Ergänzt wird die Darstellung durch Verteilungsprozesse, die die Verbindung zwischen Produktion und Konsumtion verschiedener Perioden herstellen. Das Kapitel gipfelt in der Ableitung von Bedingungen für die Überlebensfähigkeit eines ökonomischen Systems aus rein wirtschaftlichen Gesichtspunkten, wobei in diesem Kontext sich das Ökonomische auf "naturale" Notwendigkeiten beschränkt. Genau diese Bedingungen sind es, die dann im 3. Kapitel die Existenz einer eindeutig bestimmbaren Wertestruktur garantieren.

Im *3. Kapitel* werden Grundsatzfragen aus dem Kernbereich der Wertlehre erörtert. Ausgangspunkt ist ein Problem, das sich bei jeder Bewertung von Gütern (ob mit Preisen oder Werten spielt dabei keine Rolle) genau dann stellt, wenn man die mikroökonomische Betrachtungsweise einzelner Industriezweige auf den gesamten (ökonomischen) Reproduktionsprozeß einer warenproduzierenden Gesellschaft ausweitet. Das sich dabei ergebende Problem besteht darin, daß die Bestimmung der Warenwerte die Kenntnis der Warenwerte bereits voraussetzt. Dieser *circulus vitiosus* wird hier durch die Entwicklung eines mathematischen Modells gelöst, in das traditionelle werttheoretische Vorstellungen und Begriffe eingehen. Dieses Modell zeichnet sich vor anderen, aus der werttheoretischen Diskussion bekannten Modellen dadurch aus, daß es von vornherein die Heterogenität unterschiedlicher Arbeitsarten berücksichtigt. Bei der Ausformulierung der wesentlichen werttheoretischen Zusammenhänge wird das eben genannte Problem zunächst mathematisch reformuliert. Es zeigt sich, daß mit einer angemessenen Formulierung schon die Lösung des Problems vorgezeichnet ist.

Im Mittelpunkt des Kapitels steht ein lineares Gleichungssystem und seine Lösung, das für die theoretische Möglichkeit (d.h. für die mathematische Existenz) eines Systems von eindeutig bestimmbaren Warenwerten von grundlegender Bedeutung ist. Es wird gezeigt, daß Werte eben nicht einfach auf Arbeitsquanten reduziert werden können, obwohl es andererseits richtig ist, daß Arbeit die einzige Quelle von Wert darstellt. Da es sich um eine theoretische Betrachtung handelt, werden vor allem die Bedingungen herausgearbeitet, die durch die gebrauchswertmäßig-stoffliche Struktur einer Wirtschaft erfüllt sein müssen, damit ein eindeutig bestimmtes System von Warenwerten existieren kann. In dieser Hinsicht wird die Darstellung des 2. Kapitels aufgenommen und gezeigt, daß die ökonomischen Bedingungen für die Überlebensfähigkeit eines Systems, die sich aus rein "naturalen" Gesichtspunkten der Reproduktionsfähigkeit ergeben, auch die Existenz einer eindeutig bestimmbaren Wertestruktur garantieren.

Im *4. Kapitel* diskutiere ich die Werttheorie und ihren Zusammenhang zur gebrauchswertmäßig-stofflichen Struktur unter *meßtheoretischen* Gesichtspunkten. Genauer gesagt ist es die von *Peter Ruben* vertretene Meßtheorie, die hier einer Kritik unterworfen wird. Diese Meßtheorie ist ja auf der Folie der Marxschen Werttheorie entwickelt worden, ohne daß letztere zu einem voll entwickelten mathematischen Modell ausformuliert worden wäre. Dieses Versäumnis war ein verhängnisvoller Fehler, der sich nicht nur in äußerst vereinfachten Vorstellungen über den Marxschen Wertbegriff niederschlägt, sondern die Meßtheorie selber in Mitleidenschaft zieht. Das, was von ihr akzeptiert werden kann, wird hier rekonstruiert, ohne daß im Rahmen dieses Buches die philosophischen Konsequenzen einer solchen Korrektur verfolgt werden könnten. - Klarerweise gehört die Auseinandersetzung mit einem bestimmten Autor nicht notwenigerweise zur Architektonik der AQT. Wenn man jedoch die Nähe der Werttheorie zur Philosophie und insbesondere zur Dialektik erwägt, dann wird einsichtig, daß sie auch auf einem meßtheoretischen Fundament ruht. Die Meßtheorie P. Rubens bot sich an, dies deutlich zu machen. Das hier gelegte Fundament ist durchaus ausbaufähig in Richtung auf die in der Ökonomie und in den Sozialwissenschaften angewandten statistischen Methoden. Der Ausbau wird spätestens dann notwendig werden, wenn die AQT reif für eine empirische Überprüfung ist.

Das *5. Kapitel* ist der Preistheorie *Piero Sraffas* - in der Interpretation und Formulierung von *Bertram Schefold* - gewidmet. Die Rekonstruktion des entsprechenden mathematischen Modells belegt, daß die AQT in der Lage ist, den neoricardianischen Ansatz mit zu erfassen und in einigen Aspekten auch darüber hinauszugehen. Neben den schon von Sraffa genannten Vereinfachungen (homogene Arbeit, traditioneller Lohnbegriff) werden weitere aufgedeckt, die vor allem in einer recht kruden Formulierung der Werttheorie bestehen. Der Anspruch, eine Lösung für das Transformationsproblem (von Werten in Preise) gefunden zu haben, kann jedoch nur dann aufrechterhalten werden, wenn das verwendete werttheoretische Modell nicht hinter theoriegeschichtlich einschlägige Differenzierungen zurückfällt. Das ist bei *Sraffa* jedoch der Fall: der Wert wird mit der Arbeit identifiziert und letztere anhand der Beschäftigtenzahlen gemessen. Abgesehen von der problematischen werttheoretischen Basis, läßt sich Sraffas Modell auf einfache Weise modifizieren und dann als Darstellung des *Produktionspreises* interpretieren: dazu muß lediglich die Konsumtion der Arbeitnehmer als (relativ konstanter) Bestandteil des Reproduktionsprozesses modelliert werden. In diesem Zusammenhang interessiert die Verteilung, die durch Sraffas Preise bewirkt wird. Bei der Darstellung dieses Mechanismus wird deutlich, daß das neoricardianische Preismodell bestenfalls als eine erste Näherung für das reale Marktgeschehen gelten kann. Im 7. Kapitel wird daraus die Konsequenz gezogen und auf werttheoretischer Grundlage ein Preis abgeleitet, der sich unter der Wirkung von Angebot und Nachfrage auf dem Markt einstellt. Eine etwas weniger radikale Korrektur am neoricardianischen Modell wird im letzten Abschnitt des 5. Kapitels formuliert, in dem mit Hilfe einzelner Elemente der Produktionspreisgleichung ein Preis abgeleitet wird, der durch die Berücksichtigung von 'Abgaben' jeglicher Art wohl eher der zentralen Tendenz empirischer Preise entspricht als der oft unterstellte Produktionspreis: ich bezeichne ihn in Anlehnung an *William Petty* als *politischen Preis*.

Im *6. Kapitel* steht die Beziehung zwischen Werten und Preisen im Mittelpunkt. Orientiert an den Höhepunkten einer über 100-jährigen Diskussion wird gezeigt, unter welchen Bedingungen sich das sogenannte "Transformationsproblem" stellt und wie es gelöst worden ist. Am Beispiel eines ausgeklügelten neueren Vorschlags zur "Lösung" des Transformationsproblems wird demonstriert, wie leicht die allgemeinen Bedingungen, unter denen Werte und Preise transformiert werden müssen, in Vergessenheit geraten können. Die Akzeptanz der seit langem vorliegenden Lösung hat nicht nur dogmengeschichtliche, sondern auch wissenschaftstheoretisch relevante Konsequenzen: Sie zeigt, daß nicht nur die Mehrwerttheorie, sondern die gesamte Werttheorie für die Erklärung der Preise "redundant" ist. Das zwingt die werttheoretische Forschung, andere Wege als Marx im "Kapital" zu gehen, der im Zuge seiner Methode des Aufsteigens vom Abstrakten zum Konkreten von den wertadäquaten Preisen zu den Produktionspreisen überging. Aus heutiger Sicht ist jedoch klar: das Vermittlungsglied "Produktionspreis" ist für den empirischen Test der Arbeitsquantentheorie irrelevant.

Wichtiger dagegen ist es, entweder auf makro- oder auf mikroökonomischer Ebene eine "Schnittstelle" zwischen Werttheorie und realem Marktgeschehen herzustellen. Im *7. Kapitel*, das sich dem *Marktpreis* widmet, wird die bisherige Betrachtung ganzer Volkswirtschaften (bzw. der Weltwirtschaft) in einem Modell heruntertransformiert auf die Analyse einzelner Werte und Preise auf dem Markt. Daß dabei das Verhältnis zwischen Angebot und Nachfrage eine Schlüsselrolle spielt, dürfte klar sein. Es zeigt sich, daß die AQT nicht nur mit klassischen Vorstellungen über die Herstellung eines Marktgleichgewichts aufgrund des "freien Spiels der Kräfte" vereinbar ist, sondern diese unter relativ plausiblen Annahmen auch abzuleiten gestattet.

Das *8.* und letzte *Kapitel* dieses Buches stellt sich dem Problem *negativer Werte*, die unter gewissen Vorgaben bei Kuppelproduktion auftreten. Dieses Thema wird hier aufgegriffen, um auf eine ökonomisch sinnvolle, bislang wohl übersehene, obgleich naheliegende Interpretation negativer Werte aufmerksam zu machen. Und schließlich geht es darum, die moderne Form der Arbeitswertlehre nicht nur hinsichtlich ihrer relativ gesicherten Grundeinsichten zu präsentieren, sondern auch deutlich zu machen, daß es durchaus noch enormer Anstrengungen bedarf, um auch nur die wichtigsten Probleme zufriedenstellend zu lösen.

In diesem Zusammenhang möchte ich der nun folgenden Darstellung der Arbeitsquantentheorie ein hoffentlich versöhnliches Wort der Entschuldigung gegenüber all jenen Autoren voranstellen, deren oft bahnbrechende werttheoretischen Arbeiten in dieser zusammenfassenden und auf das Wesentliche beschränkten Darstellung nicht zur Sprache kommen können. Stellvertretend für viele möchte ich hier *E. Zalai* nennen, dessen Arbeiten zum Problem heterogener Arbeit insofern von Wichtigkeit gewesen wären, als das hier vorgestellte Kernmodell - wenn auch in wesentlich einfacherer Form als bei diesem Autor - durchgängig die Simplifizierung homogener Arbeit vermeidet und kritisiert. Nennen möchte ich auch den in der internationalen Diskussion kaum bekannten Werttheoretiker *Johann Köhler* (Freiberg), der mich trotz jahrelanger Diskussion zwar nicht davon überzeugen konnte, daß die Wertgröße vom gesamtgesellschaftlichen Bedarf beeinflußt ist, dessen genaue Marxkenntnis für mich aber ein Prüfstein für Nähe und Ferne zur marxistischen Werttheorie war. Und schließlich verdanke ich den wenigen Autoren, die sich auch nach dem politischen Fiasko des staatlich organisierten Marxismus nicht über den wissenschaftlichen Status der Werttheorie beirren ließen, die Ermutigung zur Weiterarbeit. Dank gilt auch meiner Frau, Friedrun Quaas, die die Mühe auf sich genommen hat, die letzte Fassung dieses Buches einer eingehenden Kontrolle zu unterziehen. Daß eventuelle Fehler und Irrtümer - und vor allem der vertretene Standpunkt - allein auf mein Konto gehen, versteht sich wohl von selbst.

2. Die naturale Struktur einer Volkswirtschaft

Unter *naturaler* und *gebrauchswertmäßig-stofflicher* Struktur einer Volkswirtschaft - gegebenenfalls auch der Weltwirtschaft - wird hier dasselbe verstanden. Der konkrete Inhalt dieses Begriffs wird im Abschnitt 2.8. erläutert - nachdem die Momente, auf denen er beruht, im einzelnen erläutert worden sind.

2.1. Der Gebrauchswert und seine Messung

Als Gebrauchswert wird hier jedes sinnlich-gegenständliche Ding bezeichnet, das einem Menschen irgendwie nützlich ist. Dabei ist zunächst vorauszusetzen, daß sich die betrachteten Gebrauchswerte in einem wohlfixierten Zustand befinden, der dadurch gekennzeichnet ist, daß sie ihren Entstehungsprozeß bereits hinter sich haben und ihr tatsächlicher Gebrauch noch bevor steht. Das gerupfte und ausgenommene Hähnchen im Kühlschrank ist nur ein spezielles Beispiel: auf dem Markt sollten sich alle Dinge idealiter in einem solchen 'konservierten' Zustand befinden.[1]

Gebrauchswerte sind entweder Resultat von Naturprozessen oder Resultat menschlicher Arbeit. Erstere bezeichnet man als von Natur vorgefundene Gebrauchswerte, letztere als (Arbeits-) Produkte.

Gebrauchswerte können auf unterschiedliche Weise nützlich sein. Ökonomisch relevant ist die Einteilung der Gebrauchswerte nach ihrer Funktion als Produktionsmittel (darunter fallen Arbeitsgegenstände und Arbeitsmittel) oder Lebensmittel. Ob ein spezieller Gebrauchswert diese oder jene Bezeichnung verdient, hängt von der jeweils vorgesehenen Verwendung ab.

Der allgemeine Gebrauchswertbegriff abstrahiert in gewissem Sinne von den Prozessen der Produktion und der tatsächlichen Verwendung eines nützlichen Dinges. Diese Abstraktion entspricht dem enthobenen Dasein der Gebrauchswerte auf dem Markt. Doch auch nach dieser Abstraktion ist jeder Gebrauchswert qualitativ und quantitativ bestimmt. Qualitativ gleichartige Dinge können zu Klassen zusammengefaßt werden, und zwar so, daß die unterschiedlichen Klassen die verschiedenen Arten von Gebrauchswerten repräsentieren (Autos, Fische, Korn). Jede Klasse von Gebrauchswerten umfaßt eine endliche Menge gleichartiger

---

1 Durch einfache Hochkommas werden metaphorische Ausdrücke hervorgehoben.

Dinge, deren Ausmaß man prinzipiell durch (zumeist physikalische) Meßverfahren bestimmen kann.

Um die qualitative und quantitative Struktur der vorhandenen Gebrauchswerte mathematisch zu erfassen, wird innerhalb einer Klasse gleichartiger Gebrauchswerte (Sorte) ein bestimmtes Quantum als Maßeinheit fixiert. Das ist die zu der entsprechenden Sorte gehörende Gebrauchswerteinheit oder - falls es sich um Gebrauchswerte auf einem Markt handelt - die Wareneinheit. Ist ein anderes Quantum von Gebrauchswerten derselben Art gegeben und existiert ein Vergleichsverfahren für diese verschiedenen Quanta derselben Sorte, so läßt sich eben jenes andere Quantum messen. Das Vergleichsverfahren selbst hängt von der stofflichen Natur der zu messenden Gegenstände und von der Erfindungsgabe der Menschen ab, die ein Interesse daran haben, für die Gebrauchswerte ein Maß zu definieren. Im einfachsten Fall handelt es sich um das Abzählen der Gebrauchswerteinheiten; dazu muß ein einzelnes Stück als Einheit fixiert werden. Gebrauchswertmengen können aber auch anhand ihres Gewichts oder Volumens gemessen werden, wenn kein eindeutig definierbares Einzelstück existiert. In jedem Fall ist das Resultat der Messung eine Zahl z, die das quantitative Verhältnis des gemessenen Gebrauchswerts a zur Maßeinheit a_0 ausdrückt. Die Struktur der Größe a wird durch die Gleichung

$$a = z\, a_0 \tag{2.1}$$

erfaßt. Analoge Quantitätsbestimmungen lassen sich mit den anderen Gebrauchswerten durchführen. Für jede Sorte wird dabei ein eigener Buchstabe reserviert: a beispielsweise für eine bestimmte Quantität Autos, b für ein Quantum Fische usw.

Es muß hier ausdrücklich hervorgehoben werden, daß im Unterschied zu anderen mathematischen Darstellungen die Symbole für die Gebrauchswerteinheiten $a_0, b_0, \ldots$ mit in die Variable für die gemessenen Gebrauchswertmengen einbezogen werden (siehe Gleichung 2.1!). Es handelt sich im folgenden also nicht einfach um Zahlen, die man beliebig interpretieren kann, sondern wie in der Physik um maßeinheitsbehaftete Größen. Dadurch ist die Möglichkeit gegeben, arithmetische Berechnungen einer Maßeinheitskontrolle zu unterziehen. Eine wesentliche meßtheoretische Forderung ist damit erfüllt.[2]

---

[2] Vgl. Peter Ruben: Vom Problem der ökonomischen Messung und seiner möglichen Lösung. In: F. Quaas / G. Quaas (Hrsg.): Elemente zur Kritik der Werttheorie. Frankfurt a. M.: Peter Lang-Verlag 1997. S.55 f.

Da Waren in der Regel Gebrauchswerte sind, die sinnlich-gegenständlich existieren, können mit der obigen Methode auch derartige Warenmengen erfaßt werden. Die gängigen Theorien der mathematisch orientierten Ökonomie stellen auf die Möglichkeit einer solchen Reduktion ab.

2.2. Gemischte Gebrauchswertquantitäten

Die endliche Folge von Gebrauchswerteinheiten

$$a_0, b_0, \dots, k_0 \tag{2.2}$$

repräsentiere die Gesamtheit aller in einer gegebenen Gesellschaft produzierten Sorten von Gebrauchswerten, und zwar seien es genau n der Anzahl nach, soll heißen: es gebe n Sorten. Der Einfachheit halber wird hier zunächst angenommen, daß die ökonomische Sphäre der betrachteten Gesellschaft ebenfalls aus n Industriezweigen besteht; in jedem Zweig werde genau eine Gebrauchswertart hergestellt (Ein-Produkt-Zweige).
Die von den n Zweigen produzierten Gebrauchswertmengen

$$a, b, \dots, k \tag{2.3}$$

kann man auch als eine einzige, gemischte Gebrauchswertmenge auffassen. Eine einfache mathematische Darstellung gemischter Gebrauchswertmengen ist mit Hilfe der vektoriellen Schreibweise möglich. Dazu werden die gemessenen Größen der einzelnen Teilmengen als Koordinaten eines Vektors x in einem n-dimensionalen mathematischen Raum betrachtet. Es sei

$$x_1 = a\,, \quad x_2 = b\,, \quad \dots \quad, x_n = k \tag{2.4}$$

Der Zeilenvektor[3]

$$x = [x_1, x_2, \dots, x_n] \tag{2.5}$$

3 Die hier realisierte Notation orientiert sich an F.R.Gantmacher: Matrizenrechnung. Berlin 1970.

ist mathematisch gesehen ein Vektor im Vektorraum aller geordneten n-Tupel G und in ökonomischer Hinsicht eine Widerspiegelung von Struktur und Größe der gemischten Gebrauchswertmenge (2.3). Durch den in (2.4) und (2.5) vollzogenen Übergang zur vektoriellen Schreibweise werden die Industriezweige zugleich durchnumeriert.
Als mathematische Basis des Vektorraumes G sind hier die Vektoren

$$\begin{aligned} e_1 &= [1,0,\dots,0] \\ e_2 &= [0,1,\dots,0] \\ &\dots \\ e_n &= [0,0,\dots,1] \end{aligned} \tag{2.6}$$

gewählt worden. Mit Hilfe der in (2.4) definierten Koordinaten x_i läßt sich eine (beliebige) gemischte Gebrauchswertmenge im Raum G dann auch folgendermaßen darstellen:

$$x = \sum_{i=1}^{n} x_i \, e_i \tag{2.7}$$

Die in G erklärte Addition zweier Vektoren

$$\begin{gathered} x + y = \sum_{i=1}^{n} x_i \, e_i + \sum_{j=1}^{n} y_j \, e_j = \sum_{i=1}^{n} (x_i + y_i) e_i = \sum_{i=1}^{n} z_i \, e_i = z \\ \text{mit} \quad z_i = x_i + y_i \end{gathered} \tag{2.8}$$

beschreibt eine Summenbildung aus den gemischten Gebrauchswertmengen x und y, während die Multiplikation mit einem Skalar α

$$\alpha \, x = \sum_{i=1}^{n} \alpha \, x_i \, e_i \tag{2.9}$$

die Vervielfachung einer gegebenen Gebrauchswertmenge x darstellt. Diese mathematischen Operationen können unter der Bedingung sinnvoll ökonomisch interpretiert werden, daß sich die Gebrauchswerte in dem wohlfixierten Zustand befinden, von dem oben die Rede war.

2.3. Bruttoprodukt, Produktivkraft und Arbeitszeit

Auf der Grundlage des soeben eingeführten analytischen Instrumentariums läßt sich das gebrauchswertmäßig-stoffliche Bruttoprodukt als Funktion der gesamtgesellschaftlichen Produktivkraft und der Arbeitszeit darstellen.
Wir betrachten die ökonomische Sphäre einer Gesellschaft, die aus n verschiedenen Ein-Produkt-Zweigen besteht.[4] Jeder Industriezweig sei wenigstens so ergiebig, daß nach Ablauf einer bestimmten Produktionsperiode (z.B. nach einer Woche, einem Jahr oder nach 10 Jahren) eine gewisse Gütermenge vorliegt. Es sei q_1 die im ersten Zweig produzierte Gebrauchswertmenge, q_2 das Erzeugnis des zweiten Industriezweiges usw. - jeweils bezogen auf einen vorgegebenen Zeitraum t' bis t'' (Produktionsperiode). Der Zeilenvektor

$$q = [q_1, q_2, \ldots, q_n] \tag{2.10}$$

stellt dann das von der gesamten Gesellschaft in dem betreffenden Zeitraum erzeugte Bruttoprodukt - unter gebrauchswertmäßig-stofflichem Aspekt betrachtet - dar.
Der Einfachheit halber wollen wir kurz von einem *Bruttoprodukt-Vektor* sprechen. (Eine differenziertere Terminologie ist erst in den nächsten Kapiteln erforderlich, wenn zusätzlich wert- und preismäßige Aspekte beachtet werden.)
Weiterhin sei t_i die Meßgröße für die im Laufe der Produktionsperiode t' bis t'' tatsächlich realisierte Arbeitszeit aller im i-ten Industriezweig tätigen Arbeiter. Faßt man die Meßgrößen für die Arbeitsquanten aller möglichen Zweige (i=1,...,n) in einem Vektor zusammen, so ergibt sich

$$t = [t_1, t_2, \ldots, t_n] \tag{2.11}$$

t ist, exakt gesprochen, der Vektor für die Größe und die Verteilung der gesamten, tatsächlich realisierten Arbeitszeiten in den verschiedenen Zweigen, kurz: der *Arbeitszeit-Vektor*.
Das Verhältnis

---

4 Das ist natürlich eine Idealisierung. Die Komplexität der ökonomischen Realität kann allerdings erst begriffen werden, nachdem ihre Probleme in theoretisch idealisierter Form beherrschbar gemacht worden sind.

$$\pi_i = \frac{q_i}{t_i} \qquad (i=1,...,n) \tag{2.12}$$

definiert die im i-ten Industriezweig der betrachteten Gesellschaft entwickelte *Produktivkraft* der Arbeit, und zwar unter gebrauchswertmäßig-stofflichem Aspekt; es ist ein Maß für die im i-ten Zweig während der Periode t' bis t'' von einem dort beschäftigten Arbeiter pro Zeiteinheit durchschnittlich erzeugte Gebrauchswertmenge. Hat sich diese Gebrauchswertmenge beispielsweise in der folgenden Produktionsperiode verdoppelt, so kann man sicherlich von einer "Verdoppelung der Produktivkraft der Arbeit" sprechen - aus welchen Gründen eine solche Veränderung auch immer geschehen sein mag.
Es sei Π die (n,n)-Matrix, auf deren Hauptdiagonale in geordneter numerischer Reihenfolge von links oben nach rechts unten die durch (2.12) definierten Größen π_i und außerhalb der Hauptdiagonalen Nullen stehen:

$$\Pi = \begin{Vmatrix} \pi_1 & 0 & . & . & . & 0 \\ 0 & \pi_2 & . & . & . & 0 \\ . & . & . & . & . & . \\ . & . & . & . & . & . \\ 0 & 0 & . & . & . & \pi_n \end{Vmatrix} \tag{2.13}$$

Π soll die *Produktivitätsmatrix* der betrachteten ökonomischen Sphäre heißen. Um es ein letztes Mal zu betonen: In diesem Kapitel werden die Produktivkraft der Arbeit und andere ökonomisch relevante Größen immer nur unter gebrauchswertmäßig-stofflichem Aspekt betrachtet.
Aus der Definition von Π und der Voraussetzung, daß in jedem Zweig ein nicht verschwindendes Produkt erzeugt wird, folgt, daß alle Elemente auf der Hauptdiagonalen von Π (siehe 2.13!) positiv sind. Mathematisch hat dies zur Konsequenz, daß die Determinante dieser Matrix, symbolisiert durch $|\Pi|$, ebenfalls positiv ist, und insbesondere, daß sie nicht verschwindet:

$$|\Pi| \neq 0 \,. \tag{2.14}$$

Folglich existiert die inverse Matrix Π^{-1}. Sie ist leicht zu berechnen:

$$\Pi^{-1} = \left\| \frac{\delta_{ik}}{\pi_i} \right\|_1^n \qquad (i,k = 1,...n). \tag{2.15}$$

Dabei ist δ_{ik} das Kronecker-Symbol.[5]
Multipliziert man Π von links mit dem Arbeitszeit-Vektor, so erhält man aufgrund der Definition (2.12) den Vektor für das Bruttoprodukt:

$$q = t\,\Pi\,. \tag{2.16}$$

Diese Vektorgleichung ist eine analytische Darstellung[6] für den ökonomischen Zusammenhang zwischen Bruttoprodukt, Arbeitszeit und Produktivkraft - differenziert nach Zweigen. Sind zwei der in (2.16) eingehenden Größen gegeben und kann die Gültigkeit der Gleichung für den gerade analysierten Zeitraum angenommen werden, so läßt sich mit ihrer Hilfe die dritte Größe berechnen.
Wie man sieht, ist es nicht falsch zu behaupten, daß die Arbeit eine reichere oder ärmere Quelle von Gebrauchswerten im direkten Verhältnis zum Steigen oder Sinken ihrer Produktivkraft ist.[7] Aber diese verbale Formulierung bringt die Differenziertheit des gesamtgesellschaftlichen Produktionszusammenhanges nur sehr unzureichend zum Ausdruck. Außerdem sind die Voraussetzungen zu beachten, unter denen der formale Apparat Ökonomisches sinnvoll darstellt.
Gleichung (2.16) ist zunächst nichts weiter als die mathematische Darstellung eines ökonomischen Zusammenhangs, die - diesmal im Sinne *I. Kants* - *analytisch* wahr ist; das heißt, ihre Gültigkeit folgt aus der Definition (2.12).
Aus der Behauptung (2.16) wird ein "synthetisches Urteil" (im Sinne *Kants*), wenn diese Gleichung entweder auf ein Zeitintervall *innerhalb* der Periode t' bis t'' oder auf eine *andere* Produktionsperiode bezogen wird. Die Produktivitäts-Matrix stellt im ersten Fall die *durchschnittliche* Produktivkraft der Arbeit der verschiedenen Zweige dar und im zweiten Fall eine *Extrapolation*, die man immer dann vornehmen kann, wenn die Entwicklung der Arbeitsbedingungen nahezu konstant zu setzen ist (ceteris-paribus-Klausel). In beiden Fällen ergäbe sich aus (2.16) eine *erste Näherung* für den tatsächlichen ökonomischen Zusammenhang.

---

[5] Für $i{=}k$ ist $\delta_{ik}{=}1$, sonst gilt: $\delta_{ik}{=}0$.

[6] Nachdem der bei *I. Kant* noch exakt definierte Begriff des Analytischen durch die moderne Wissenschaftstheorie ziemlich verwässert worden ist, kommt man nicht um eine Erläuterung, wie dieser Begriff soeben gemeint worden ist, herum: "Wir sagen, eine funktionale Abhängigkeit zwischen Größen [...] sei *analytisch* dargestellt, wenn die Größen *durch Gleichungen* einander zugeordnet sind, in die sie eingehen, indem sie verschiedenen mathematischen Rechenoperationen unterworfen werden: der Addition, Subtraktion, Division, dem Logarithmieren usw." W.I. Smirnow: Lehrgang der höheren Mathematik. Berlin 1973. Bd.1. S.21.

[7] Vgl. K. Marx: Das Kapital. Bd.1. In: Marx-Engels-Werke. Berlin 1986. Bd.23. S.60.

Eine dynamische Sicht liegt vor, wenn man eine kontinuierliche Vergrößerung des Arbeitszeit-Vektors t im Laufe einer Produktionsperiode unterstellt; dann beschreibt Gleichung (2.16) bei gegebener Produktivkraft der Arbeit Π das nach Zweigen differenzierte Wachstum des Bruttoprodukts. Der oben vorausgesetzte 'wohldefinierte Zustand', in dem sich die Gebrauchswerte befinden müssen, um mathematisch darstellbar zu sein, hindert also nicht daran, gedanklich *das Werden* (ökonomisch: die Produktion) von Gebrauchswerten zu erfassen. Man kann dies so interpretieren, daß die Gebrauchswerte gerade in dem zeitlichen Moment mathematisch erfaßt und zu den bereits produzierten addiert werden, in dem sie als fertiges Produkt vorliegen.

2.4. Verteilung von Arbeitskräften und -zeiten

Ist l_i die Anzahl der im i-ten Industriezweig insgesamt beschäftigten Arbeiter und bedeutet h_i die durchschnittliche (bzw. einheitliche) Arbeitszeit, die ein einzelner Arbeiter während der Periode t' bis t'' im Zweig i tätig ist, dann ist das mathematische Produkt aus l_i und h_i eine Substitution für die im i-ten Zweig geleistete Arbeitszeit, d.h.

$$t_i = l_i \, h_i \qquad (i=1,\dots,n)\,. \tag{2.17}$$

Wir nennen

$$l = [l_1, l_2, \dots, l_n] \tag{2.18}$$

den *Arbeitskräfteverteilungs-Vektor* und

$$h = [h_1, h_2, \dots, h_n] \tag{2.19}$$

den Vektor der (zweiglich differenzierten) *Durchschnittsarbeitszeiten* je Beschäftigteneinheit in der betrachteten Produktionsperiode.

Um eine in formaler Hinsicht bequemere Schreibweise einzuführen, erheben wir die in (2.10), (2.11), (2.18) und (2.19) definierten Vektoren zu Diagonalmatrizen:

$$Q = \| \, q_i \, \delta_{ik} \, \|_1^n \qquad (i,k = 1,\dots,n) \tag{2.20}$$

$$T = \| t_i \, \delta_{ik} \|_1^n \qquad (i,k = 1,\ldots,n) \tag{2.21}$$

$$L = \| l_i \, \delta_{ik} \|_1^n \qquad (i,k = 1,\ldots,n) \tag{2.22}$$

$$H = \| h_i \, \delta_{ik} \|_1^n \qquad (i,k = 1,\ldots,n) \tag{2.23}$$

Die ökonomische Interpretation der Matrizen Q und T entspricht der der Vektoren q und t. Die Diagonalmatrix H beschreibt die zweiglich differenzierten durchschnittlichen Arbeitszeiten, und L die Verteilung der Arbeitskräfte über die verschiedenen Industriezweige.
Aus den Diagonalmatrizen erhält man auf einfache Weise die zugrunde liegenden Vektoren, wenn man sie von links mit dem sogenannten Spaltensummenvektor e multipliziert. Der Vektor e wird dabei durch die folgende, n mal die "1" enthaltende Zeile definiert:

$$e = [1,1,\ldots,1] \, . \tag{2.24}$$

Diagonalmatrizen sind vertauschbar, und für die Gleichungen (2.20 - 2.23) existiert außerdem die jeweilige inverse Matrix. Das erleichtert die Operation mit den entsprechenden Größen erheblich.
Der Zusammenhang zwischen den Arbeitszeiten, der Verteilung der Arbeitskräfte und den durchschnittlichen Arbeitszeiten der Zweige (2.17) wird nun durch die folgende Formel beschrieben:

$$T = L\,H \, . \tag{2.25}$$

Die Umformung dieser Gleichung nach H belegt noch einmal, daß H die durchschnittliche Arbeitszeit eines Arbeiters in den verschiedenen Industriezweigen erfaßt:

$$H = L^{-1} T \, . \tag{2.26}$$

Für das Bruttoprodukt gilt analog zu (2.16)

$$Q = T\,\Pi \tag{2.27}$$

und bei Berücksichtigung von (2.25) und der Vertauschbarkeit von Diagonalmatrizen:

$$Q = H\,L\,\Pi\,. \tag{2.28}$$

Je nachdem, welche Matrix von der rechten Seite dieser Gleichung man nach vorn (links) bringt, erhält man nach Multiplikation mit dem Spaltensummenvektor *e* eine andere Vektorgleichung. Direkt aus (2.28) ergibt sich beispielsweise:

$$q = h\,L\,\Pi\,. \tag{2.29}$$

An späterer Stelle werden wir die Formel

$$L = H^{-1} Q\,\Pi^{-1} \tag{2.30}$$

benötigen, die ebenfalls aus (2.28) folgt.
Ist die Arbeitszeit für die Arbeiter aller Industriezweige dieselbe, und wird sie in der betrachteten Produktionsperiode t' bis t'' durch die Größe η erfaßt, so ergibt sich folgende Vereinfachung:

$$H = \eta E\,, \tag{2.31}$$

wobei E die Einheitsmatrix n-ter Ordnung und η ein Skalar ist. Für die Verteilung der Arbeitszeiten t hat man dann anstelle von (2.25) die Formel

$$T = \eta L \tag{2.32}$$

zu setzen.
Unter der vereinfachenden Voraussetzung einer überzweiglich einheitlichen Arbeitszeit ist das Bruttoprodukt durch

$$Q = \eta\,L\,\Pi \tag{2.33}$$

gegeben. Mit Hilfe des Spaltensummenvektors ließe sich dieser Ausdruck auch in Vektorschreibweise umformulieren.
Diese mehr formalen Umformungen sollen zeigen, daß

(i) durch den Übergang von Vektoren zu (untereinander vertauschbaren) Diagonalmatrizen und
(ii) durch vereinfachende Annahmen über die untersuchte ökonomische Struktur eine alternative und unter Umständen flexiblere mathematische Darstellung erreicht werden kann.
Die hier abgeleiteten Formeln sind noch relativ einfach zu interpretieren. Gleichung (2.28) ergibt sich zum Beispiel unmittelbar aus der Definition der entsprechenden Matrizen. Sie stellt das gebrauchswertmäßig-stoffliche Bruttoprodukt als eine nach Zweigen differenzierte Größe dar, die von der durchschnittlichen Arbeitszeit, der Menge der Arbeitskräfte und der Produktivität abhängt.
Jede verbale Interpretation einer Formel muß aus der Sicht des mathematischen Ökonomen als laxe Darstellung eines Zusammenhanges bewertet werden, der exakt nur mit Hilfe eines geeigneten mathematischen Instrumentariums erfaßt werden kann. Was in der eben angeführten Interpretation beispielsweise der Begriff "Produktivität" bedeutet, wird durch den Text erläutert, der der Gleichung (2.12) zugrunde liegt. Wie man sieht, ist die verbale Darstellung selbst einfacher Zusammenhänge, soll sie korrekt sein, unübersichtlicher als der entsprechende mathematische Ausdruck. Das ist der Grund, weshalb die Darstellung der hochkomplexen Zusammenhänge des gesamtgesellschaftlichen Reproduktionsprozesses am zweckmäßigsten mit Hilfe der Matrizenrechnung erfolgen sollte.

2.5. DER PRODUKTIONSMITTELVERBRAUCH

In den ersten beiden Abschnitten dieses Kapitels ist von einer Form des Gebrauchswerts ausgegangen worden, die idealtypisch im Zirkulationsprozeß vorliegt: dort ist der Gebrauchswert eine wohlfixierte, meßbare Größe. In den Abschnitten 2.3 und 2.4 ist gezeigt worden, wie auf dieser meßtheoretischen Grundlage die *Produktion* von Gebrauchswerten dargestellt werden kann. Dazu muß der Gebrauchswert als eine mit der Zeit veränderliche Größe betrachtet werden. Andererseits werden im Produktionsprozeß Arbeitsmittel und Arbeitsgegenstände zweckmäßig vernutzt. Dieser Aspekt soll jetzt berücksichtigt werden.

2.5.1. DER ABSOLUTE VERBRAUCH VON PRODUKTIONSMITTELN

In jedem Arbeitsprozeß werden Rohmaterialien verbraucht, Arbeitsmittel angewandt und damit auch verschlissen. Es handelt sich um deren Konsumtion, die

aber zu produktiven Zwecken erfolgt. Diese *produktive Konsumtion* soll differenziert betrachtet werden
(i) nach den Gebrauchswertarten, die als Produktionsmittel (Arbeitsmittel und Rohstoffe) fungieren, und
(ii) nach den Industriezweigen, in denen sie aufgebraucht werden.
Bei den Arbeitsmitteln kann es vorkommen, daß sie über die betrachtete Produktionsperiode t' bis t'' hinaus noch genutzt werden: sie haben eine längere *Lebenszeit*. In diesem Fall ist der anteilige Verbrauch des entsprechenden Gebrauchswerts zu bestimmen. Ein Beispiel mag dies illustrieren! Gesetzt, die Lebenszeit einer Maschine a_0, die Produkt des 1. Industriezweiges ist, überdauert bei ihrem Einsatz im Zweig 2 im Durchschnitt 6 Jahre. Dann verliert diese Maschine jedes Jahr durchschnittlich ein Sechstel ihres Gebrauchswerts. Kommen im Zweig 2 gleichzeitig 50 dieser Maschinen zum Einsatz und bezeichnet t' bis t'' die Periode eines Arbeitsjahres, so ist der absolute Gebrauchswertverlust, der durch die Produktion im 2. Industriezweig verursacht wird, bezüglich der Sorte a_0 quantitativ durch

$$a = \frac{50}{6} a_0 = 8\frac{1}{3} a_0 \tag{2.34}$$

anzusetzen (lineare Abschreibung).
Dies läßt sich verallgemeinern. Es sei z_{ij} eine Größe, die den absoluten (produktiven) Verbrauch von Gebrauchswerten der Sorte j im gesamten Industriezweig i erfaßt, und zwar während der Produktionsperiode von t' bis t'', deren Länge gleich

$$\Delta t_1 = t'' - t' \tag{2.35}$$

ist. Die Matrix

$$Z = \begin{Vmatrix} z_{11} & z_{12} & \cdots & z_{1n} \\ z_{21} & z_{22} & \cdots & z_{2n} \\ \vdots & . & . & . \\ z_{n1} & z_{n2} & \cdots & z_{nn} \end{Vmatrix} \tag{2.36}$$

stellt dann die Struktur des Produktionsprozesses der betrachteten Gesellschaft hinsichtlich der absoluten Größen des Verbrauchs an Produktionsmitteln dar. Alle Elemente der Matrix Z sind größer oder gleich Null:

$$z_{ij} \geq 0 \qquad (i,j = 1,\ldots,n)\,. \tag{2.37}$$

Greifen wir das oben angeführte Beispiel noch einmal auf! Wenn im Zweig 2 genau 8 1/3 Stück des Produktes von Zweig 1 als Produktionsmittel verbraucht werden, dann ist $z_2 = 8\ 1/3\ a_0$. Wird das Produkt des 1. Industriezweiges im Zweig 3 überhaupt nicht angewandt, so ist der entsprechende absolute Verbrauch $z_3 = 0$. Negative Verbrauchszahlen tauchen aufgrund der Definition von z_{ij} nicht auf. Z ist also eine nichtnegative Matrix:

$$Z \geq 0\,. \tag{2.38}$$

Zur besseren Einordnung der hier entwickelten Theorie soll ergänzend noch folgendes angemerkt werden: Im Unterschied zur Theorie *Piero Sraffas* wird von vornherein der Produktionsmittelverbrauch separat vom Lebensmittelverbrauch dargestellt. Zwischen beiden Prozessen besteht ein ökonomisch hinreichend relevanter Unterschied: Lebensmittel unterstützen den Produktionsprozeß immer nur indirekt, vermittelt über die lebendige Arbeitskraft. Sie gehen deshalb prinzipiell nie wie Schmieröl in den Produktionsprozeß ein.[8]

Es sei ausdrücklich noch einmal hervorgehoben: Im Zahlenschema Z darf nur der tatsächliche Produktionsmittelverbrauch zum Ausdruck kommen. Aus diesem Grund bezeichnen wir Z als *Matrix des absoluten Verbrauchs von Produktionsmitteln* oder kürzer als *Produktionsmittel-Verbrauchsmatrix*.

Da der erste Index von z_{ij} die Nummer i des Industriezweiges angibt, in dem das Produkt des j-ten Zweiges (j=1,...,n) verbraucht wird, stellt die i-te Zeile der Matrix Z den Verbrauch der verschiedenen Gebrauchswerte (j=1,...,n) innerhalb des i-ten Zweiges dar. Dabei muß jedoch eine Einschränkung gemacht werden. Durch Z werden offenbar nur diejenigen Gebrauchswerte dargestellt, die Arbeitsprodukte sind. Produktionsmittel, die unmittelbar dem Reservoir der Natur entnommen worden sind, werden nicht berücksichtigt. Vom Standpunkt der Arbeitsquantentheorie sind sie ökonomisch irrelevant, weil in ihnen keine Arbeit verkörpert ist. Dazu folgende Anmerkungen:

---

[8] Sraffas Input-Matrix kann auch die Lebensmittel, die die Arbeiter verzehren, enthalten. Vgl. P. Sraffa: Warenproduktion mittels Waren. Frankfurt a.M. 1976. S.28. Nr.8. Später wird diese Annahme fallen gelassen, um einer Auseinandersetzung mit dem traditionellen Lohnbegriff aus dem Wege zu gehen. Dadurch wird der Lohn zu einer beliebig manipulierbaren Variable, was die unrealistische Möglichkeit einer Lohnrate gleich oder nahe Null impliziert. Vgl. ebd. Nr.30.

(i) Die Reduktion der Betrachtung auf nützliche *Arbeits*produkte erfolgt hier im Hinblick auf die angestrebte Rekonstruktion der Wertstruktur einer warenproduzierenden Volks- oder Weltwirtschaft. Hebt man diese Einbindung auf, ergeben sich andere Perspektiven und Probleme. Zu letzteren gehört sicherlich der Fakt, daß unendlich viele Faktoren bei der Produktion mitwirken, die betreffenden Matrizen folglich unendlich-dimensional sein müßten.
(ii) Mit der behaupteten ökonomischen Irrelevanz gewisser Gebrauchswerte ist nicht ausgeschlossen, daß sie einmal ökonomisch relevant werden können. Wenn zum Beispiel die Ausbeutung eines von Natur vorhandenen Stoffes so weit fortgeschritten ist, daß er industriell (re-)produziert werden muß, um ihn auch weiterhin als Produktions- oder Lebensmittel einsetzen zu können, wird er zu einem Arbeitsprodukt, das seinen Platz im Schema Z findet (bei gleichzeitiger Erhöhung der Ordnung n der Matrix).
(iii) Die ökonomische Irrelevanz gewisser Gebrauchswerte schließt keineswegs aus, daß sie unter Umständen eine sehr wichtige technologische Rolle im Produktionsprozeß spielen. Ohne die natürliche Luft ist kaum ein Produktionsprozeß denkbar; trotzdem wird dieser Stoff nur dann durch Z berücksichtigt, wenn er das Produkt vorangegangener Arbeit ist (z.B. Preßluft).
(iv) Wie die Theorie der negativen Werte zeigen wird (siehe unten!), bedeutet diese scheinbar ökonomistische Ausgrenzung der vom Menschen 'unberührten' Natur nicht, daß die Arbeitsquantentheorie zur ökologischen Blindheit verurteilt wäre. Das ganze Gegenteil ist der Fall! Erst mit ihrer Hilfe läßt sich das Verursacherprinzip theoretisch, d.h. jenseits moralischer Argumente, begründen.
(v) Mit diesen Hinweisen grenze ich mich schließlich von der Illusion ab, daß auf jene Weise konstruierte *Input-Matrizen* (der Produktionsmittel- und der Lebensmittelverbrauch treten aus kybernetischer Sicht als Input des Reproduktionsprozesses auf) "geschlossene Systeme" erfassen könnten, "in denen n Waren durch n voneinander unabhängige Prozesse mit Hilfe dieser selben Waren und Arbeit hergestellt werden."[9] Dieser Eindruck ist durch die spezifische Abstraktionsrichtung bedingt, mit der hier wie in anderen ökonomisch-mathematischen Theorien, die die Warenproduktion erfassen sollen, gewisse Zusammenhänge von vornherein als ökonomisch irrelevant ausgeblendet werden.

Eine Spalte der Matrix Z drückt den produktiven Konsum von Gebrauchswerten derselben Sorte aus, ein Konsum, der durch die verschiedenen Industriezweige hervorgerufen wird. Damit ergibt die Summe aller Elemente der j-ten Spalte den

9 Bertram Schefold in P. Sraffa: Warenproduktion mittels Waren. A.a.O. S.216.

gesamtgesellschaftlichen Verbrauch von Gebrauchswerten der Sorte j als Produktionsmittel. Diese Summe bezeichnen wir mit z_j:

$$z_j = \sum_{i=1}^{n} z_{ij} \ . \tag{2.39}$$

Die einzelnen z_j lassen sich wieder als Koordinaten eines Zeilenvektors z auffassen:

$$z = \left[z_1, z_2, \ldots, z_n\right] ; \tag{2.40}$$

z heiße der *Produktionsmittel-Verbrauchsvektor.*
Mit Hilfe des Spaltensummenvektors e kann der Zusammenhang zwischen der Matrix Z und dem Vektor z wie folgt geschrieben werden:

$$z = e\,Z \ . \tag{2.41}$$

2.5.2. Der spezifische Produktionsmittelverbrauch

z_{ij} stellt also den Verbrauch von Gebrauchswerten der Sorte j dar, die im Industriezweig i als Produktionsmittel zur Anwendung kommen. (Der Verbrauch dieser Gebrauchswerte als Lebensmittel muß auf andere Weise erfaßt werden. Siehe dazu weiter unten!) Dividiert man diese Größe durch das im gleichen Zeitraum hergestellte gebrauchswertmäßige Bruttoprodukt q_i, so erhält man die Größe des produktiven Konsums von Gebrauchswerten j, der zur Herstellung einer Einheit der Gebrauchswertsorte i dient:

$$\zeta_{ij} = \frac{z_{ij}}{q_i} \qquad (i,j = 1,\ldots,n) \tag{2.42}$$

Die Größe ζ_{ij} bezeichnen wir als den spezifischen Verbrauch von Produktionsmitteln der Sorte j im i-ten Industriezweig. Analog zur Bildung der Matrix Z fassen wir alle Größen ζ_{ij} zu einem Zahlenschema ζ zusammen.[10] Ausführlich geschrieben lautet die Matrix für den *spezifischen Produktionsmittelverbrauch* in den einzelnen Zweigen:

$$\zeta = \begin{Vmatrix} z_{11}/q_1 & z_{12}/q_1 & \cdots & z_{1n}/q_1 \\ z_{21}/q_2 & z_{22}/q_2 & \cdots & z_{2n}/q_2 \\ \vdots & \cdot & \cdot & \cdot \\ z_{n1}/q_n & z_{n2}/q_n & \cdots & z_{nn}/q_n \end{Vmatrix} \qquad (2.43)$$

Betrachten wir nun eine (beliebige) Zeile i der Matrix ζ! Einige Elemente werden gleich Null sein, weil der dazugehörige Gebrauchswert im Zweig i nicht als Produktionsmittel verwendet wird. Die anderen Elemente werden sich in ihrer Größe voneinander unterscheiden. Insgesamt gesehen besitzt die Zeile i im Vergleich zu den anderen Zeilen eine für den i-ten Industriezweig charakteristische quantitative Struktur. Es fragt sich nun, was diese Struktur bedeutet. Berücksichtigt man, daß die Größe ζ_{ij} in erster Näherung unabhängig von einer Variation des Bruttoprodukts ist, so wird deutlich, daß die in der i-ten Zeile verankerte quantitative Struktur im wesentlichen ein Spiegelbild der im Zweig angewendeten Technologien ist. Zwar kann man nicht unterstellen, daß in einem Industriezweig eine und nur eine Technologie zur Anwendung kommt; trotzdem dürften aber die verschiedenen tatsächlich angewandten Technologien zu einem für den Zweig typischen Produktionsmittelverbrauch führen: Die Herstellung eines bestimmten Produkts erfordert in der Regel ein charakteristisches Ausgangsmaterial und den Einsatz spezifischer Arbeitsmittel; manche Gebrauchswerte werden gar nicht benötigt, andere dagegen in ganz bestimmten, charakteristischen Proportionen. Die Struktur des Produktionsmittelverbrauchs in einem Zweig unterschiedet sich so *prinzipiell* von der quantitativen Struktur des Produktionsmittelverbrauches in anderen Zweigen. Eine faktische Übereinstimmung der quantitativen Verhältnisse wäre als rein zufällig zu betrachten.

Wir unterstellen weiterhin, daß die quantitativen Proportionen zwischen den Zweigen durch die Art und Weise des Umgangs der Arbeiter mit den Produktionsmitteln nicht wesentlich verzerrt, sondern nur geringfügig modifiziert werden. Ein allgemein schludriger Umgang mit den Produktionsmitteln wird sich statistisch gesehen auf alle Zweige etwa in gleicher Weise auswirken, so daß die

---

[10] Da das große griechische Zeta leicht mit dem lateinischen großen Z verwechselt werden kann, wird hier zur Bezeichnung einer Matrix ausnahmsweise der kleine griechische Buchstabe benutzt.

spezifischen Proportionen erhalten bleiben.[11] Diese sind folglich im wesentlichen abhängig von den Techniken der Produktion, den Technologien, das heißt von dem, *was* und *womit* produziert wird. Aus diesem Grund soll die Matrix ζ im weiteren als *technologische Matrix* bezeichnet werden.

Wie bereits angedeutet, können innerhalb eines Zweiges durchaus verschiedene Technologien zur Anwendung kommen. Diese brauchen ja nur eine einzige Bedingung zu erfüllen, nämlich die, daß sie zur Produktion des gleichen Gebrauchswertes führen. Im Fall unterschiedlicher Technologien innerhalb eines Zweiges repräsentiert die i-te Zeile der Matrix ζ keine einheitliche, im i-ten Zweig realisierte Technologie, sondern einen gewichteten Durchschnitt der verschiedenen Technologien. Der Einfachheit halber wollen wir in diesem Fall sagen, daß die i-te Zeile eine "*Mischtechnologie*" repräsentiert,[12] die zwar insofern eine Fiktion ist, als keine reale Verkörperung dieser Technologie existiert, deren Konstruktion aber den Vorteil hat, daß sie die wirklichen Verbrauchszahlen berücksichtigt und eine im Vergleich zu den anderen Zweigen typische Verbrauchsstruktur kennzeichnet. Die Mischtechnologie nähert sich in ruhigeren Phasen der Produktivkraftentwicklung der jeweils herrschenden Technologie eines Industriezweiges an, falls ineffektive Technologien durch einen noch darzustellenden Konkurrenzmechanismus nach und nach verdrängt werden.

Wenn sich die Zeilen der technologischen Matrix ζ strukturell voneinander unterscheiden, bedeutet das in mathematischer Hinsicht, daß keine Zeile als eine Linearkombination der anderen Zeilen dargestellt werden kann. Bezeichnen wir mit ζ_i die i-te Zeile von ζ, so gilt, daß die Vektorgleichung

---

[11] Gleichgültig, ob der Verbrauch der Norm entspricht oder nicht, in die Matrix des Produktionsmittelverbrauchs muß der tatsächliche Verbrauch eingehen, der in der betrachteten Periode verursacht worden ist.

[12] Der Ausdruck "Mischtechnologie" ist entlehnt von Peter Seidelmann: Das Eigensystem verflechtungsdeterminierter Preise der Volkswirtschaft und seine Bedeutung für die planmäßige Preisbildung im Sozialismus. Leipzig 1975. S.23. Desgleichen der Ausdruck "technologische Matrix". Die Anleihe betrifft aber nur die sprachliche Formulierung. Im Unterschied zu der hier definierten technologischen Matrix, die sich auf den tatsächlichen Verbrauch in einer bestimmten Produktionsperiode bezieht, will Seidelmann den wahrscheinlichen, zukünftig zu erwartenden Verbrauch erfassen. Außerdem hängt Seidelmanns "technologische Matrix B" auch noch von der Größe und der Struktur des Bruttoprodukts ab. Diese Abhängigkeit habe ich in erster Näherung dadurch beseitigt, daß jede Zeile der Matrix Z durch das entsprechende Bruttoprodukt dividiert wurde. Vgl. auch: G. Quaas: Kritische Bemerkungen zu einem ökonomisch-mathematischen Modell. In: Wissenschaftliche Zeitschrift der Universität Leipzig. Gesellschaftswissenschaftliche Reihe. 1990/ Heft 6. S.611 ff.

$$\alpha_1 \zeta_1 + \alpha_2 \zeta_2 + \ldots + \alpha_n \zeta_n = 0 \qquad (2.44)$$

dann und nur dann erfüllt werden kann, wenn alle α_i verschwinden. Die Zeilen der Matrix ζ sind also in der Regel *linear unabhängig* voneinander. Diese mathematische Eigenschaft widerspricht nicht dem Fakt, daß die Zweige, die von den Zeilen der Matrix ζ widergespiegelt werden, in ökonomischer Hinsicht durchaus voneinander abhängig sind, ja sein müssen. Die lineare Unabhängigkeit der Zeilen der Matrix ζ ist ein Reflex der technologischen Einzigartigkeit jedes Industriezweiges.

Für das Folgende soll angenommen werden, daß die betrachtete ökonomische Sphäre ein echtes System voneinander abhängiger Zweige darstellt, daß es also keinen Industriezweig gibt, der in der Lage wäre, völlig autark, d.h. ohne Anwendung eines Produkt irgendeines anderen Zweiges, zu produzieren.[13] Mathematisch drückt sich diese ökonomische Abhängigkeit darin aus, daß es in jeder Zeile der Matrix ζ mindestens ein Element gibt, für das gilt:

$$\zeta_{ij} \succ 0 \qquad (i \neq j). \qquad (2.45)$$

Dies, zusammen mit der linearen Unabhängigkeit der Zeilen in ζ, bedeutet, daß in der Regel

$$\det \zeta \neq 0 \qquad (2.46)$$

angenommen werden kann. Wenn im folgenden die Gültigkeit der Ungleichung (2.46) unterstellt wird, so handelt es sich um eine Idealisierung, die von den seltenen Ausnahmen abstrahiert, bei denen sich (mindestens) zwei Zweige hinsichtlich der Struktur des spezifischen Produktionsmittelverbrauchs zufälligerweise genau gleichen oder bei denen ein Zweig überhaupt keine ökonomisch relevanten Produktionsmittel verbraucht.

Zwischen der technologischen Matrix ζ und der Produktionsmittel-Verbrauchsmatrix Z besteht der Zusammenhang

$$\zeta = Q^{-1} Z \qquad (2.47)$$

oder

---

13 Wohlgemerkt wird aber nicht vorausgesetzt, daß eine direkte Abhängigkeit von *allen* anderen Zweigen existiert.

$$Z = Q\,\zeta \ . \tag{2.48}$$

Beide Gleichungen sind im Sinne *Immanuel Kants* analytisch wahr. Sie bekommen einen empirischen Gehalt, wenn man sie über die betrachtete Zeitperiode hinaus anwendet. Dazu müssen - ganz im Sinne des kritisch-rationalistischen Theorie-Begriffs - gewisse Randbedingungen konstant gesetzt werden können. Von den in die Gleichungen (2.47) und (2.48) eingehenden Größen ändert sich die technologische Struktur wohl am wenigsten. Deshalb ist es sinnvoll, die folgende Extrapolation vorzunehmen: Mit den Produktionstechniken bleibt auch die technologische Matrix ζ in erster Näherung für aufeinander folgende Produktionsperioden (1) und (2) konstant. Für das Bruttoprodukt ist dies offenbar keine realistische Annahme. Aus (2.48) ergibt sich unter diesen Bedingungen näherungsweise der absolute Produktionsmittelverbrauch in der Periode (2):

$$Z(2) = Q(2)\,\zeta \ . \tag{2.49}$$

Nach dieser Formel ist der Produktionsmittelverbrauch unter der Bedingung konstanter Technologien eine lineare Funktion des Bruttoprodukts.
Multipliziert man (2.48) mit den Zeilensummenvektor e, so ergibt sich

$$z = q\,\zeta \ . \tag{2.50}$$

Unter der Voraussetzung (2.46) existiert die Inverse ζ^{-1}, und man kann schreiben:

$$q = z\,\zeta^{-1} \ . \tag{2.51}$$

Auch die letzten beiden Formeln sind mathematische Darstellungen des Zusammenhanges zwischen dem Bruttoprodukt und dem zu seiner Herstellung dienenden Produktionsmittelverbrauch. Nach (2.50) bestimmt das Endprodukt den notwendigen Verbrauch, nach (2.51) ist umgekehrt das Endprodukt durch den Verbrauch bestimmt. Das bedeutet: Aus mathematischer Sicht gibt es keine eindeutige Determination einer der beiden Größen durch die andere. Die Ursache dafür liegt darin, daß sowohl das Bruttoprodukt q als auch der Produktionsmittelverbrauch z das Resultat des gesamtgesellschaftlichen Produktionsprozesses widerspiegeln, wenn auch auf gegensätzliche Weise: q stellt den produzierten und z den (produktiv) konsumierten Gebrauchswert dar. Beide Vektoren zusammen erfassen das Resultat der Produktion *konkret*, das heißt in seinem widersprüchlichen Verhältnis von Erzeugen und Vernichten. Dieser doppelseitige Prozeß wird quantitativ durch die Matrix des spezifischen Verbrauchs charakterisiert.

2.6. DIE REPRODUKTION DER ARBEITSKRÄFTE

Wenn hier die *stoffliche* Seite der Reproduktion der Arbeitskräfte betrachtet werden soll, so kann das nicht unter physiologischem, pädagogischem, gastronomischem oder einem sonstigen nicht-ökonomischen Aspekt geschehen. In ökonomischer Hinsicht sind vor allem zwei stoffliche Momente jenes Prozesses relevant: Erstens die Tatsache, daß ständig eine *bestimmte Anzahl in gewisser Weise qualifizierter Arbeitskräfte* zur Verfügung steht; dies ist das *Resultat* der Reproduktion der Arbeitskräfte. Zweitens ist es der Fakt, daß in jenen Prozeß *materielle Güter verschiedener Art* eingehen, die dort entweder direkt von den Arbeitern und ihren Familienangehörigen oder indirekt von den an der Reproduktion der Arbeitskräfte unmittelbar Beteiligten wie Lehrer, Ärzte etc. *verbraucht*, das heißt *konsumiert* werden. (Deren Konsumtion darf in diesem Zusammenhang nur insoweit in Rechnung gestellt werden, wie ihre Leistungen eine direkte Funktion bei der Reproduktion der Arbeitskräfte haben.) Um weiterhin kein unnötiges, normatives Element in die Analyse hineinzubringen, wird *an dieser Stelle* ausdrücklich auf eine Unterscheidung zwischen Luxusgütern und notwendigen Gütern verzichtet. Die Gesamtheit der Gebrauchswerte, die von der Arbeiterschaft eines Landes als Lebensmittel konsumiert werden, bildet einen *Warenkorb*, der bei allgemeiner Warenproduktion den stofflichen Teil des *Reallohns* verkörpert. Aber auch im Falle des Vorherrschens anderer Produktionsweisen existiert stets eine bestimmte (gemischte) Gebrauchswertmenge, die die Funktion hat, die Reproduktion der gesamtgesellschaftlichen Arbeitskraft zu sichern. Diese Gütermenge ist bekanntlich qualitativ und quantitativ unterschiedlich strukturiert, je nach Herkommen (Konvention), Nationalität, dem damit verbundenen Entwicklungs- und Bildungsniveau - und unter anderem auch der Durchsetzungkraft der Arbeitnehmerschaft bei Tarifverhandlungen.

Es sei d_{ij} der absolute Verbrauch von Gebrauchswerten der Sorte j, der durch die Arbeiter des Industriezweiges i (einschließlich ihrer Familienangehörigen und gewisser Dienstleistender) während einer bestimmten Produktionsperiode verursacht wird. Die nichtnegative quadratische Matrix

$$D = \| d_{ij} \|_1^n \tag{2.52}$$

spiegelt Größe und Struktur des durch die Reproduktion der Arbeitskräfte bedingten Verbrauchs von Lebensmitteln wider. Je eine Zeile der Matrix D repräsentiert - differenziert nach Gebrauchswertarten - den (direkten und indirekten) Konsum der Arbeitskräfte des entsprechenden Zweiges in der betrachteten Produktionsperiode. Dagegen wird durch eine Spalte der Matrix D der Verbrauch einer bestimmten Sorte von Gebrauchswerten durch die Beschäftigten verschiedener Zweige zum Ausdruck gebracht.
Analog zum Produktionsmittelverbrauch definieren wir den gesamtgesellschaftlichen Verbrauch an Lebensmitteln durch die Beziehung

$$d = e\,D\ . \tag{2.53}$$

Der Vektor d ist das Analogon zum Vektor z; während z den *produktiven* Konsum erfaßt, drückt d den durch die Arbeiter verursachten, wenn man so will: *unproduktiven* Konsum aus. Dieser Konsum ist eine notwendige Voraussetzung der Produktion.[14]
Die Elemente von D hängen zwar nicht direkt von der Größe und Struktur des Bruttoprodukts q ab; es existiert aber eine indirekte Beziehung, insofern nämlich für die Herstellung des gesamtgesellschaftlichen Bruttoprodukts eine bestimmte Anzahl in gewisser Weise qualifizierter Arbeitskräfte benötigt wird. Nach Gleichung (2.28) besteht zwischen der Anzahl der Arbeitskräfte und dem Bruttoprodukt ein linearer Zusammenhang. In erster Näherung kann man annehmen, daß die Größe des Lebensmittelverbrauchs proportional zur Anzahl der Arbeitskräfte steigt oder fällt. Eine Matrix mit solchen Eigenschaften sagt wenig über die *Spezifik* der Arbeitskräfte in den verschiedenen Zweigen aus. Um uns von der linearen Abhängigkeit zwischen dem Lebensmittelverbrauch und der Menge der Arbeitskräfte zu befreien, dividieren wir die Elemente jeder Zeile i der Matrix D durch die Anzahl der Arbeiter des i-ten Industriezweiges l_i und bilden die Maßverhältnisse

$$\chi_{ij} = \frac{d_{ij}}{l_i} \qquad (i,j = 1,\ldots,n)\ . \tag{2.54}$$

14 Der Einfachheit halber sprechen wir im folgenden von dem Konsum der Arbeiter, wohl wissend, daß D den Konsum ihrer Familienangehörigen und den gewisser Dienstleistender einschließt.

Die (dimensionierten) Zahlen χ_{ij} bilden die Matrix χ:[15]

$$\chi = \left\| \chi_{ij} \right\|_1^n . \tag{2.55}$$

Die Elemente einer beliebigen Zeile χ_i dieses Zahlenschemas spiegeln den durchschnittlichen Verbrauch an Lebensmitteln pro Arbeitskraft des Zweiges i wider. Man kann dies auch so interpretieren: Eine Zeile charakterisiert die *Durchschnittsarbeitskraft* des entsprechenden Zweiges hinsichtlich ihres Lebensmittelverbrauchs während der betrachteten Periode.

Wäre in einer Gesellschaft alle Arbeit von derselben Qualität, das heißt die Leistung von Arbeitskräften, die dieselbe Qualifikation besitzen und die deshalb alle etwa denselben gesellschaftlichen Aufwand zu ihrer Reproduktion abfordern, dann würde χ - unter der weiteren Annahme, daß sich individuelle Unterschiede bei großen Zahlen ausmitteln - nur gleiche Zeilen enthalten. In der Regel ist dies aber nicht der Fall: Realistischerweise muß man deshalb annehmen, daß sich die Zeilen der Matrix χ (unter Umständen erheblich) voneinander unterschieden. Sie repräsentieren den unterschiedlichen Lebensmittelverbrauch der verschiedenen, industriezweigspezifischen Durchschnittsarbeitskräfte.[16]

Die Spezifik der industriezweiglichen Durchschnittsarbeitskraft ist ein Ausdruck der *Lebensweise* und im engeren Sinne des *Lebensstandards* der Arbeiter des entsprechenden Zweiges. Kann man die Lebensweise für einen bestimmten Zeitraum als unveränderlich ansehen, so gilt:

$$\chi = \text{konst}. \tag{2.56}$$

Zwischen D und χ besteht aufgrund der Definition (2.54) der Zusammenhang

$$D = L\chi . \tag{2.57}$$

Multipliziert man diese Gleichung von links mit dem Spaltensummenvektor e, erhält man den Lebensmittelverbrauch der lohnabhängig Beschäftigten

---

[15] Auch hier muß man wieder auf den kleinen griechischen Buchstaben zurückgreifen, um Verwechslungen zu vermeiden.

[16] Wie viele anderen ökonomischen Theorien auch, unterstellt Sraffas "Warenproduktion mittels Waren" "Arbeit von gleicher Qualität" (vgl. P. Sraffa a.a.O. Nr.10). Ein wesentliches Merkmal marktwirtschaftlicher Realität wird damit von Anfang an verfehlt.

$$d = l\chi \,. \tag{2.58}$$

Gleichung (2.58) ist das Analogon zu (2.50).

2.7. Die innere Struktur der Verbrauchsmatrizen

Es lassen sich (in Anlehnung an *Sraffa*) folgende Arten von Gütern unterscheiden:
(i) Gebrauchswerte, die nur als Produktionsmittel verwendet werden;
(ii) notwendige Lebensmittel, d.h. Gebrauchswerte, die von den Arbeitern zur Reproduktion ihrer Arbeitskraft konsumiert werden. Dabei ist nicht auszuschließen, daß sich unter diesen Gütern auch solche befinden, die als Produktionsmittel verwendet werden. Sofern von diesen Gütern ein Überschuß vorhanden ist, kann durch sie auch der Unterhalt anderer Klassen bestritten werden.
(iii) Gebrauchswerte, die nicht als notwendige Lebensmittel der Arbeiter in Betracht kommen, die aber auch nicht als Produktionsmittel fungieren - außer vielleicht bei ihrer eigenen Produktion (z.B. Rennpferde). Diese Gruppe bezeichnen wir als *Luxusgüter*.
Durch eine entsprechende Numerierung von Gebrauchswertarten und Zweigen kann man erreichen, daß die ersten *f* Zeilen der Matrizen *Z* und *D* Zweige repräsentieren, die reine Produktionsmittel herstellen, die nächsten *g* Zeilen Zweige mit Produkten der Gruppe (ii) und die restlichen *h=n-f-g* Zeilen die Zweige der Luxusgüterproduktion. Daraus ergibt sich die folgende Grobstruktur der Matrizen *Z* und *D*:

Produktionsmittelverbrauch Z:

	f	g	h
f	≥0	≥0	0
g	≥0	≥0	0
h	≥0	≥0	≥0

Lebensmittelverbrauch D:

	f	g	h
f	0	≥0	0
g	0	≥0	0
h	0	≥0	0

Abb. 1: Grobstruktur der Verbrauchsmatrizen

Die beiden Verbrauchsmatrizen lassen sich also in Blöcke von Nullmatrizen (durch das Zeichen 0 symbolisiert) und nichtnegativen Matrizen unterteilen. Wie man leicht sieht, sind beide Matrizen im mathematischen Sinne zerlegbar, wobei hier vorausgesetzt wird, daß sie nicht vollständig zerlegbar sind.[17] Darüber hinaus gilt - es sei daran erinnert - Ungleichung (2.46).

2.8. DIE GEBRAUCHSWERTMÄßIG-STOFFLICHE STRUKTUR

Das Resultat des gesamtgesellschaftlichen Reproduktionsprozesses während einer Produktionsperiode ist - unter gebrauchswertmäßig-stofflichem Aspekt betrachtet - mehrfach charakterisiert worden: Erstens durch das *Bruttoprodukt* q, zweitens durch den *Verbrauch an Produktionsmitteln* z, drittens durch den *Konsum von Lebensmitteln* d zur Reproduktion der Arbeitskräfte und viertens durch die tatsächlich *realisierte Arbeitszeit* t bzw. durch die *Arbeitskräfteverteilung* l und den Vektor für die *durchschnittlichen Arbeitszeiten* h.

Die *Produktions- und Lebensweise* der betrachteten Gesellschaft ist (unter gebrauchswertmäßig-stofflichem und dominant quantitativem Gesichtspunkt betrachtet) durch die *Produktivitätsmatrix* Π, durch die *technologische Matrix* ζ, durch die Matrizen zur *Charakterisierung der Duchschnittsarbeitskräfte* χ und ihrer *Verteilung* L bestimmt. Dies geht offenbar über eine bloß mathematische Beschreibung der Produktionstechniken hinaus, erreicht aber auch nicht das Niveau einer soziologischen Beschreibung der Produktions- und Lebensweise einer Gesellschaft - eventuell unter Berücksichtigung der Eigentumsverhältnisse. In Ermangelung eines besser treffenden Terminus' spreche ich hier von der *gebrauchswertmäßig-stofflichen Struktur der Produktions- und Lebensweise*, die durch jene Größen erfaßt wird.

Die gesamte gebrauchswertmäßig-stoffliche Struktur des ökonomischen Reproduktionsprozesses, die teils durch die entsprechende Struktur der *Ausgangssituation*, die weiter unten noch dargestellt werden wird, durch die angegebene Struktur der *Produktions- und Lebensweise* sowie durch die des *Resultats* einer Produktionsperiode gegeben ist, stellt ein sehr allgemeines Moment jeder realen Volks- oder Weltwirtschaft dar. In einer warenproduzierenden Gesellschaft wird dieses Moment, das eine komplexe Struktur ist, von den Wertverhältnissen über-

[17] Vgl. F.R.Gantmacher: Matrizenrechnung. Bd.2. Berlin 1970. S.44 f. - Die oben formulierte Bedingung läßt sich noch etwas abschwächen: Für das Folgende ist lediglich erforderlich, daß die Summe $Z+D$ nicht vollständig zerlegbar ist.

lagert, die den Austausch und - darüber vermittelt - auch die Produktion beherrschen. Die Dominanz des Werts in warenproduzierenden Gesellschaften verdeckt in einem gewissen Maße die gebrauchswertmäßig-stoffliche Struktur.[18] Trotzdem ist sie (vermittelt über den Wert) auch dort wirksam. Im folgenden werden eine Reihe ökonomischer Begriffe, die bisher entweder überhaupt noch nicht oder lediglich in Bezug auf die Wertverhältnisse exakt definiert worden sind, von dieser Einschränkung befreit und in ganz allgemeiner Weise definiert. Diese, an die gebrauchswertmäßig-stoffliche Struktur gebundenen Definitionen haben, unabhängig von ihrer gesellschaftliche Bedeutung für das Handeln innerhalb von (Re-) Produktionseinheiten, die nur als ganze und an ihren Rändern in den Warenverkehr eingehen, eine grundlegende theoretische Bedeutung für die vergleichende Analyse ökonomischer Gesellschaftsformationen. Darüber hinaus bilden sie die begriffliche Basis für die exakte Formulierung der Arbeitsquantentheorie.

2.9. Einfache, erweiterte und rückläufige Reproduktion

Der Begriff der einfachen Reproduktion soll hier unter Abstraktion von jeder wertmäßigen Betrachtung definiert werden, das heißt, allein in Bezug auf gebrauchswertmäßig-stoffliche Momente des ökonomischen Reproduktionsprozesses. Es seien Δt_1 und Δt_2 zwei gleich lange, aufeinanderfolgende Produktionsperioden, die nahezu 'nahtlos' ineinander übergehen:[19]

$$\Delta t_1 = t_1'' - t_1' \succ 0, \quad \Delta t_2 = t_2'' - t_2' \succ 0, \tag{2.59}$$

$$\Delta t_1 = \Delta t_2 . \tag{2.60}$$

Das während der Periode Δt_1 erzeugte Bruttoprodukt sei q_1, und das während Δt_2 erzeugte Bruttoprodukt q_2. Wir wollen von *einfacher Reproduktion der ökonomischen Sphäre* oder von einer *Produktion auf gleicher Stufenleiter* sprechen, wenn unter den genannten Bedingungen

$$q_2 = q_1 \tag{2.61}$$

---

[18] Vgl. G. Quaas: Dialektik als philosophische Theorie und Methode des 'Kapital'. Frankfurt a. M. 1992. S.55 ff.

[19] Zwischen t_1'' und t_2' kann eine zeitliche Differenz liegen, wobei unterstellt wird, daß in diesem Zeitabschnitt keine Produktion stattfindet. Es wird angenommen, daß $t_2' \geq t_1''$.

ist. Dagegen handelt es sich um *erweiterte Reproduktion*, wenn

$$q_2 \neq q_1 \quad \cap \quad q_2 \geq q_1 \tag{2.62}$$

gilt. (Hierbei bedeutet $\cap$ die logische Konjunktion.) Dementsprechend handelt es sich um eine *rückläufige Reproduktion*, wenn

$$q_2 \neq q_1 \quad \cap \quad q_2 \leq q_1 \tag{2.63}$$

gilt. Die Differenz

$$\Delta q = q_2 - q_1 \tag{2.64}$$

erfaßt den - eventuell auch negativen - Zuwachs des Bruttoprodukts. Wegen (2.62) muß bei erweiterter Reproduktion

$$\Delta q \geq 0 \quad \cap \quad \Delta q \neq 0 \tag{2.65}$$

gelten.

2.10. Produktionsvorräte

Ohne bereits vorhandene Produktionsmittel und Arbeitskräfte ist keine Produktion möglich. Arbeitsmittel müssen vorhanden und zweckmäßig mit den Arbeitskräften arrangiert werden, damit sie ihre Funktion im Produktionsprozeß erfüllen können. Die zu bearbeitenden Arbeitsgegenstände werden laufend vernutzt und sind ständig zu ersetzen, wenn die Produktion fortgeführt werden soll. Die Träger der Arbeitskraft, die Arbeiter, müssen leben und sich fortpflanzen können, wenn sie über längere Zeit ihre physischen und geistigen Fähigkeiten produktiv verausgaben sollen. Darüber hinaus bedürfen sie einer gewissen 'Pflege' durch Dienstleistende wie Lehrer, Ärzte, Friseure etc. In all' diesen Rücksichten setzt eine kontinuierlich und störungsfrei ablaufende Produktion die Existenz von *Vorräten* voraus. Ein gewisses Mindestmaß davon befindet sich zweckmäßigerweise in unmittelbarer Nähe der (produktiven oder unproduktiven) Konsumtionsprozesse.[20]

---

[20] Die gegenwärtig zumindest von größeren Unternehmen praktizierte Reduktion der Lagerbestände auf nahezu Null widerspricht dem nicht: das erforderliche Mindestmaß an Vorräten

Diese Vorräte bestehen aus auf Industriezweige bzw. auf Haushalte verteilten Gebrauchswerten.
Die verbrauchten Lebens- und Produktionsmittel des Vorrats werden in einer funktionierenden Volkswirtschaft ständig aus der laufenden Produktion ersetzt. Dies setzt die besitzmäßige Aufteilung der Produkte unter die verschiedenen Wirtschaftssubjekte (Distribution) und ihre tatsächliche raum-zeitliche Verteilung über die verschiedenen Produktionsstätten und Haushalte (Transport) voraus. Arbeitsteilige Produktion impliziert also den Prozeß der Verteilung der Produkte, und das bedeutet unter dem Aspekt eines Fließgleichgewichts betrachtet eine weitere Vorratbildung: Gebrauchswerte, die gerade verteilt werden, werden weder produziert noch konsumiert.
Eine bestimmte Menge an Gebrauchswerten muß also als Vorrat in den Poren der Reproduktions- und Zirkulationsprozesse stecken, damit der ganze Prozeß reibungslos ablaufen kann. Verbrauch, Produktion und Transport der Gebrauchswerte sind Prozesse, die parallel zueinander ablaufen: sie finden zur gleichen Zeit statt, erfassen aber verschiedene Zusammenhänge der ökonomischen Sphäre, die - wie Transport und Produktion - auch an verschiedenen Orten lokalisiert sein können. Trotz des simultanen Ablaufs der Prozesse von Produktion, Konsumtion und raumzeitlicher Umverteilung der Gebrauchswerte gilt der einfache Satz, daß immer nur das verteilt werden kann, was *vorher* produziert worden ist. Und das Produzieren *setzt*, wie bereits bemerkt, die Existenz von Arbeitern, Rohmaterial und Arbeitsmitteln *voraus*.
Aus dem komplexen Zusammenhang der ökonomischen Reproduktionsprozesse lassen sich nun folgende Phasen der produktiven und konsumtiven Stoffumformung und des Stoffwechsels abstrahieren: Im Produktionsprozeß wird ein gegebener Bestand an Produktionsmitteln verbraucht, während gleichzeitig ein neuer Bestand an Gebrauchswerten produziert wird. Parallel dazu erfolgt die Reproduktion der Arbeitskräfte, wobei ebenfalls Gebrauchswerte (Lebensmittel) konsumiert werden. Sowohl das durch die produktive als auch das durch die unproduktive Konsumtion verursachte Defizit an Gebrauchswerten muß aus dem vorhandenen Bestand der Produkte ausgeglichen werden, und dies erfolgt durch Umverteilungsprozesse. Nach der Verteilung des Bruttoprodukts auf die Industriezweige und die Haushalte ist - wenn auch mit gewissen Modifikationen - die Ausgangslage wiederhergestellt, und es kann erneut produziert werden.

---

befindet sich hier quasi auf dem Transportweg (rollender Vorrat). Die zunehmende Gefahr eines 'Verkehrsinfarkts' in dichtbesiedelten Gebieten lockert das System der Zulieferungen 'zur richtigen Zeit' zugunsten eines größeren (festen) Lagerbestands wieder auf.

Die Abstraktion, die an dieser Stelle vorgenommen werden soll, besteht in der idealisierenden Annahme, daß (Re-)Produktion und raum-zeitliche Umverteilung der Produkte einander abwechseln. Diese Abstraktion hat eine reale Grundlage, insofern jene Prozesse nämlich tatsächlich aufeinander folgen, allerdings begleitet durch eine Vielzahl parallel ablaufender Prozesse derselben Struktur.
Dieser Idealisierung entsprechend stellen wir uns vor, daß in jedem Industriezweig ein gewisser, für die Periode Δt_1 ausreichender Vorrat an Produktions- und Lebensmitteln vorhanden ist. Dieser Vorrat werde durch die *Ersatzfondsmatrix* F dargestellt. Das Element f_{ij} erfasse die Menge an Gebrauchswerten der Art j, die (als Produktions- oder Lebensmittel) für den Verbrauch im i-ten Industriezweig bzw. zur 'Verköstigung' der in diesem Zweig beschäftigten Arbeiter tatsächlich vorrätig sind.
Soll der Ersatzfond für die gesamte Produktionsperiode Δt_1 ausreichen, so muß er zum Zeitpunkt t_1 mindestens so groß wie der zu erwartende Verbrauch an Produktions- und Lebensmitteln sein:

$$F_1 \geq Z_1 + D_1 . \tag{2.66}$$

Dabei sind die Größen Z_1 und D_1 von dem herzustellenden Bruttoprodukt Q_1 als auch von der Produktions- und Lebensweise der betrachteten Gesellschaft abhängig, die nach dem oben Gesagten durch die Matrizen Π, ζ, H, und χ charakterisiert werden. Um dies explizit zu machen, setze man die Gleichungen (2.48), (2.57) und (2.30) in die Ungleichung (2.66) ein:

$$F_1 \geq Q_1\zeta_1 + H_1^{-1}Q_1\Pi_1^{-1}\chi_1 . \tag{2.67}$$

Alle in (2.67) eingehenden Größen beziehen sich auf ein und dieselbe Produktionsperiode Δt_1. Dies ist durch den Index "1" kenntlich gemacht worden. Ungleichung (2.67) beschreibt die *Ausgangssituation* der gesamtgesellschaftlichen Produktion für die betrachtete Zeitperiode hinsichtlich der erforderlichen Vorratbildung.
Am Ende der Produktionsperiode Δt_1, das heißt zum Zeitpunkt t_1'', liegt das Produkt Q_1 tatsächlich vor, und F_1 ist um Z_1 und D_1 vermindert worden. Das konkrete Resultat der Produktion wird also weiterhin durch eine Matrix charakterisiert, die wir als R_1 bezeichnen und so definieren:

$$R_1 = F_1 - Z_1 - D_1 + Q_1 . \tag{2.68}$$

Im Vergleich zu F_1 zeichnet sich R_1 dadurch aus, daß sich die größeren Zahlen auf der Hauptdiagonalen konzentrieren, während außerhalb der Hauptdiagonalen kleinere Werte zu finden sind. Die Periode 1 kann idealtypisch so lange dauern, wie R_1 noch an keiner Stelle negativ geworden ist.
Soll die folgende Produktionsperiode Δt_2 hinsichtlich der vorhandenen Vorräte eine Ausgangssituation vorfinden, die weitere Produktion ermöglicht, muß der Vorrat hinsichtlich der verbrauchten Produktions- und Lebensmittel wieder aufgestockt werden. Zum Zeitpunkt t_1'' beginnt also - unserer Idealisierung entsprechend - die Verteilung der produzierten Gebrauchswerte, und sie endet zum Zeitpunkt t_2'. Dieser Prozeß beinhaltet die Bereitstellung des Ersatzfonds F_2. Dieser Vorgang kann mathematisch als eine Abbildung der Matrix R_1 auf die Matrix F_2 betrachtet werden, wobei bei einer verlustfreien Umverteilung die Bedingung

$$eF_2 = eR_1 \tag{2.69}$$

erfüllt sein muß: der Bestand am Ende des 1. Produktionsprozesses wird vollständig in den Vorrat für den 2. Produktionsprozeß überführt. In einer warenproduzierenden Gesellschaft wird die Struktur der Verteilung außerdem noch durch wertmäßige Aspekte determiniert.
Soll die Verteilung wenigstens *einfache Reproduktion* ermöglichen, muß sie offenbar gewisse Bedingungen erfüllen, die gebrauchswertmäßig-stofflicher Art sind. Gesetzt, es gilt (2.61) oder (2.62), d.h. die Bedingung für einfache bzw. erweiterte Reproduktion! Für die Produktion in Δt_2 ist ein gewisser Vorrat F_2 erforderlich. Die Größe und Struktur dieses Ersatzfonds ergibt sich nicht automatisch als Fortschreibung der Matrix F_1 der vorangegangenen Periode, auch wenn die Bruttoprodukte identisch gesetzt werden können (Q_1=Q_2). Analog zur Ungleichung (2.67) erhält man die notwendige Größe von F_2 aus dem Bruttoprodukt, dem spezifischen Produktionsmittelverbrauch, der Arbeitszeitverteilung, der Produktivität sowie der Struktur der Durchschnittsarbeitskräfte, so, wie diese Größen in der Periode Δt_2 vorliegen. Alle Veränderungen der Produktivität und der Effektivität (genauer gesagt: des Produktionsmittelverbrauchs) sowie der Lebensweise der Arbeitnehmer wirken sich auf die Größe und Struktur des benötigten Vorrats (Ersatzfonds) aus. Dies gilt offenbar auch dann, wenn lediglich einfache Reproduktion stattfindet. Die Bedingung für die stofflichen Voraussetzungen der Produktion in der Periode 2 bei gegebenen Produktionsmethoden, Lebensmittelverbrauch und anvisiertem Bruttoprodukt Q_2 ist:

$$F_2 \geq Q_2\zeta_2 + H_2^{-1}Q_2\Pi_2^{-1}\chi_2 \ . \tag{2.70}$$

Diese Ungleichung stellt eine minimale Bedingung dar, die erfüllt sein muß, wenn die Reproduktion gesichert sein soll.
Geht man umgekehrt von der ökonomischen Priorität der Verteilung, deren Regeln in Gänze erst noch dargestellt werden müssen, vor den durch (2.70) formulierten Notwendigkeiten aus, so ist die Ersatzfondsmatrix F_2 eine der unendlichen Möglichkeiten, die (2.69) zuläßt. Die Gleichungen (2.69) und (2.70) können als der Rahmen angesehen werden, in dem sich die verschiedenen Parameter der Produktion in der neuen Periode (2) bewegen müssen.

2.11. Ökonomische Lebensfähigkeit und das Surplusprodukt

Vom Bruttoprodukt der Produktionsperiode Δt_1 muß im wesentlichen der Verbrauch an Produktions- und Lebensmitteln in der folgenden Periode Δt_2 gedeckt werden. Natürlich ist es denkbar, daß ein Teil des Vorrats, der in der ersten Periode zur Verfügung stand, auch noch dazu beiträgt, die Produktion in der folgenden Periode zu ermöglichen. Das betrifft vor allem diejenigen Produktionsmittel, die nur zum Teil verschlissen worden sind und deshalb für weitere Produktion verwendet werden können. Um die Möglichkeiten zur Fortsetzung der Produktion abzuschätzen, genügt es also nicht, allein das Bruttoprodukt Q ins Verhältnis zum Verbrauch in der kommenden Periode zu setzen. Entscheidend ist das konkrete Resultat der Produktion, das durch R_1 bzw. das von R_1 abhängige (siehe Gleichung 2.69!), außerdem aber noch durch die Verteilung determinierte F_2 beschrieben wird.
Im allgemeinen kann (2.70) als notwendige Voraussetzung für die reibungslose Produktion während der Periode Δt_2 angesehen werden. Dabei ist allerdings noch explizit der Zusammenhang mit dem konkreten Resultat der Phase Δt_1 zu beachten. Wir multiplizieren (2.70) von links mit dem Spaltensummenvektor e, berücksichtigen (2.69), vereinfachen die einzelnen Terme wieder und erhalten den einfachen Ausdruck:

$$eR_1 \geq z_2 + d_2 \ . \tag{2.71}$$

Gleichung (2.71) muß gewährleistet sein, damit das ökonomische System in der folgenden Periode funktioniert. Der Verbrauch in Periode (2) ist durch die Mittel beschränkt, die aus der vorangegangenen Periode übernommen werden - seien sie nun dort oder in noch weiter zurückliegenden Produktionsperioden erzeugt worden. In diesem Sinne stellt (2.71) eine notwendige Bedingung für das Überleben eines ökonomischen Systems dar. Aber diese Bedingung ist noch nicht hinreichend. Das zeigt eine einfache Grenzbetrachtung: Jeder wird sicherlich einräumen müssen, daß ein Generalstreik - sagen wir in der Periode 2 - auf Dauer eine Volkswirtschaft zugrunde richtet. In diesem Fall wäre

$$q_2 = 0 \quad \cap \quad z_2 = 0 \tag{2.72}$$

Die Gleichung (2.71) lautet unter diesen Bedingungen

$$eR_1 \geq d_2 \tag{2.73}$$

(2.73) kann leicht erfüllt werden, wenn die Streikenden nur nicht mehr konsumieren als die Arbeitenden in der Periode Δt_1, wenn also

$$d_2 \leq d_1 \tag{2.74}$$

ist. (Die Streikenden zehren von den Vorräten, die sie vor dem Streik produziert und erworben haben.)

Wir ziehen daraus die Schlußfolgerung, daß bei Erfüllung der Gleichung (2.71) die ökonomische Lebensfähigkeit einer Volkswirtschaft nur in dem Sinne garantiert ist, daß die stofflichen Voraussetzungen weiterer Produktion gegeben sind. Ob diese aber tatsächlich genutzt werden, ist eine andere Frage. Insofern stellt (2.71) nur eine notwendige Bedingung für das Überleben eines ökonomischen Verbandes dar.

Gleichung (2.71) macht keinerlei Voraussetzungen hinsichtlich der ökonomischen Parameter des Systems in der Periode Δt_2. Insbesondere wird weder erweiterte noch einfache Reproduktion unterstellt. Wir wollen hier kurz die Frage erörtern, ob, und wenn ja, unter welchen Bedingungen ein ökonomisches System, dessen Bruttoprodukt kleiner wird oder gleich bleibt, lebensfähig ist, wenn es stets die gleiche konsumtive Versorgungsleistung zu erbringen hat. Es sei

$$q_1 \geq q_2 \quad \cap \quad q_2 \neq q_1 \tag{2.75}$$

und

$$D_2 = D_1 = D = \text{konst}. \tag{2.76}$$

Wir notieren die Bedingung (2.70) in der Form

$$F_2 \geq Q_2\zeta_2 + D \tag{2.77}$$

multiplizieren mit e und setzen (2.69) und (2.68) ein. Nach Vereinfachung ergibt sich:

$$eF_1 - z_1 - d + q_1 \geq q_2\zeta_2 + d \ . \tag{2.78}$$

Nimmt man weiterhin vereinfachend an, daß der produktive und unproduktive Konsum in der ersten Periode durch vorhandene Vorräte genau gedeckt wird, also

$$eF_1 - z_1 - d = 0 \tag{2.79}$$

ist, dann muß das Bruttoprodukt der Periode 1 den Produktionsmittel- und den Lebensmittelverbrauch in der Periode (2) decken:

$$q_1 \geq q_2\zeta_2 + d \ . \tag{2.80}$$

Wegen (2.75) ist diese Bedingung erfüllt, wenn

$$q_2 - d \geq q_2\zeta_2 \tag{2.81}$$

also der Produktionsmittelverbrauch trotz sinkendem Bruttoprodukt noch abgedeckt werden kann. Dies erfordert unter Umständen eine solche Verbesserung der Produktionsmethoden, daß - bei gegebenem q - der rechte Term in (2.81) so klein wird, daß die Ungleichung gerade noch erfüllt werden kann, im allgemeinen also eine Entwicklung, die durch sinkende Produktionsmittel-Verbrauchszahlen charakterisiert ist:

$$\zeta_1 \geq \zeta_2 \quad \cap \quad \zeta_2 \neq \zeta_1 \ . \tag{2.82}$$

Dies kann man als Verbesserung der technologischen Effizienz (Effektivität) einer Volkswirtschaft bezeichnen. Wir ziehen die Schlußfolgerung: Gleichbleibender Konsum ist mit negativem Wachstum des Bruttoprodukts nur bei hinreichender Effektivierung des Produktionsmittelverbrauchs vereinbar.

Umfaßt die Verbesserung der Produktionsmethoden auch die Steigerung der Produktivkraft im Sinne von $\Pi_2 \geq \Pi_1$, so kann dasselbe Bruttoprodukt auch mit weniger Arbeitskräften hergestellt werden. Der Pro-Kopf-Verbrauch der Arbeiter kann steigen, trotzdem - oder besser gesagt: weil $d_1 = d_2$ gilt. Negatives Wachstum ist demnach unter gewissen Bedingungen sogar mit steigendem Lebensstandard (im Sinne steigenden Pro-Kopf-Verbrauchs) der Beschäftigten denkbar.

Aus diesen Überlegungen ziehe ich die Schlußfolgerung, daß es nicht zweckmäßig ist, den Begriff der "ökonomischen Lebensfähigkeit" an die Bedingung zu binden, daß (mindestens) *einfache Reproduktion* gewährleistet sein muß. Ein ökonomisches System kann ja unter Umständen auch bei negativem Wachstum überleben.

Die obige Diskussion könnte nahelegen, eine ausreichende Versorgung mit Lebensmitteln als entscheidendes Kriterium für die Charakterisierung lebensfähiger ökonomischer Systeme anzunehmen. Wie wir soeben gesehen haben, ist selbst eine schrumpfende Volkswirtschaft mit wachsendem oder gleichbleibendem Lebensstandard möglich, also 'überlebensfähig'. Im Grenzfall einer automatischen Produktion wird es zwar nicht genügen, nur die wenigen Arbeiter, die zur Überwachung notwendig sind, mit Lebensmitteln zu versorgen. Aber dies scheint weniger ein ökonomisches als ein politisches Problem zu sein. - M.a.W.: Die Tendenz zur Automatisierung kann damit verbunden werden, einer abnehmenden Zahl von Beschäftigten ein wachsendes Realeinkommen zu sichern. Bei Realisierung dieser Möglichkeit wächst zwar das politische Problem der Ernährung einer zunehmenden, nicht-arbeitenden Bevölkerung, der Begriff der Lebensfähigkeit des ökonomischen Systems wäre jedoch erfüllt.

Abstrahiert von dem Druck, der von den beschäftigungslosen Massen in einer zunehmend industrialisierten Welt ausgeht, kann man feststellen, daß ein ökonomisches System nur dann überleben wird, wenn es wenistens seine Beschäftigten mit ausreichenden Mengen *Food* versorgt. Da die Anzahl der Beschäftigten bei Automatisierung fällt, sind immer weniger und weniger Lebensmittel erforderlich, um diese Minimalbedingung für das Überleben einer Volkswirtschaft zu erfüllen. M.a.W., auch eine konstante Lebensmittelversorgung ist kein geeignetes Kriterium für Überlebensfähigkeit.

Weder das Bruttoprodukt noch der Konsum oder der Produktionsmittelverbrauch für sich genommen sind demnach geeignete Größen, um den Begriff ökonomischer Lebensfähigkeit zu definieren. Es gibt mannigfache Möglichkeiten für die

Fortentwicklung einer Volkswirtschaft in der jeweils folgenden Produktionsperiode. Das macht Gleichung (2.70) deutlich, die nur sehr schwach, nämlich über Gleichung (2.69), an den Output der vorangegangenen Periode gekoppelt ist. Auf der rechten Seite der Ungleichung stehen 5 verschiedene Matrizen, von denen allein 3 Matrizen n^2 verschiedene Elemente haben - die alle in weiten Grenzen unterschiedlich variieren können, ohne mit den Rahmenbedingungen (2.70) und (2.69) zu kollidieren. Die dabei konstruierbaren Entwicklungsvarianten sind nur schwer zu überblicken. Dementsprechend kann man kaum abschätzen, welche Möglichkeiten mit unserer Vorstellung von ökonomischer Überlebensfähigkeit einer Volkswirtsachaft zu vereinbaren wären.

Den bisherigen Überlegungen lagen 4 Schnitte an aufeinanderfolgenden Zeitpunkten t_1', t_1'', t_2', t_2'' zugrunde, durch die zwei Produktionsperioden und eine Zirkulationsperiode unterschieden worden sind. Beim Vergleich zweier Produktionsperioden müssen realistischerweise unterschiedliche, die Produktions- und Lebensweise charakterisierende Parameter unterstellt werden. Anders verhält es sich, wenn nur eine Periode betrachtet wird. Da die entsprechenden Matrizen Π, ζ, χ per definitionem für eine Periode konstant sind, können keine unterschiedlichen Entwicklungslinien auftreten. Um diese analytische Wahrheit der Wirklichkeit anzunähern, sollen unterschiedliche Produktionsperioden so lang oder so kurz gewählt werden, daß man eine annähernde Konstanz der Produktions- und Lebensweise annehmen kann. Dies bezeichne ich hier als *quasi-differentielle Betrachtungsweise*.

Unter der Bedingung einer konstanten Produktions- und Lebensweise läßt sich der Begriff der ökonomischen Lebensfähigkeit negativ so formulieren: Ein System, das ständig mehr verbraucht als es hervorbringt, ist sicher nicht auf Dauer ökonomisch überlebensfähig. Positiv formuliert bedeutet dies, daß der Überschuß des Bruttoprodukts über den Gesamtverbrauch größer oder gleich Null sein muß.

Auf der Produktseite steht unter gebrauchswertmäßig-stofflichem Gesichtspunkt der Bruttoproduktvektor q; auf der Verbrauchsseite stehen die Vektoren z und d. Zur Unterscheidung des 'naturalen' Überschusses von anderen 'Überschüssen', die wir in der AQT noch zu betrachten haben, wird hier der Begriff des Surplus eingeführt anhand der Definition

$$s = q - z - d \ . \tag{2.83}$$

Mit dieser Definition läßt sich der Begriff der ökonomischen Lebensfähigkeit eines Systems zwanglos durch die Ungleichung

$$s \geq 0 \tag{2.84}$$

festlegen.
Durch die Gleichung (2.84) wird keine notwendige, sondern eine hinreichende Bedingung für die ökonomische Lebensfähigkeit einer im betrachteten Zeitraum bevölkerungsmäßig nahezu statischen Gesellschaft zum Ausdruck gebracht. Es ist nämlich durchaus möglich, daß in einem hinreichend kleinen Zeitintervall manche Elemente von s negativ werden. Der zeitweise zu hohe Verbrauch wird durch Vorräte ermöglicht, die zu anderen Zeiten wieder aufgefüllt werden. Dabei kann es sich um ein voll funktionsfähiges ökonomisches System handeln, aber (2.84) wäre zu gewissen Zeiten nicht erfüllt.
Ist umgekehrt Gleichung (2.84) zu allen Zeiten und bei allen Schnittbreiten Δt, durch die wir realistischerweise einen Reproduktionsprozeß analysieren können, erfüllt, dann ist für die jeweils folgende Periode stets genug an Vorräten zur Fortsetzung der Produktion vorhanden, wenn die Produktion überhaupt einmal in Gang gekommen ist. Insofern stellt (2.84) eine hinreichende Bedingung für ökonomische Lebensfähigkeit einer bevölkerungsmäßig nahezu statischen Gesellschaft dar.[21]
Versieht man die Größen in (2.83) und (2.84) mit dem Index '2' und berücksichtigt dazu noch (2.50) und (2.76), so folgt daraus die Gleichung (2.81). Ökonomische Lebensfähigkeit im Sinne von (2.84) und der dabei unterstellten quasi-differentiellen Betrachtungsweise garantiert also auch die ökonomische Lebensfähigkeit in dem Spezialfall negativen Wachstums, den wir oben analysiert haben.
Unterteilt man den Reproduktionsprozeß wie oben wieder in zwei Produktionsperioden (1) und (2), lassen sich die Produktionsmöglichkeiten unter der Voraussetzung, daß für beide (2.84) gilt, folgendermaßen abschätzen:

$$eF_2 = eR_1 = eF_1 + s_1 \,. \tag{2.85}$$

Hierbei ist (2.69), (2.68) und - für die Periode Δt_1 - (2.83) benutzt worden. Nach (2.71) muß der Verbrauch in der Periode Δt_2 genau in diesem Rahmen erfolgen:

---

21 Klarerweise erfordert eine wachsende Bevölkerung bei gleichbleibenden Produktionsmethoden auch ein wachsendes Brottoprodukt. Teilt man einen größeren Zeitraum in kleinere Intervalle auf, für die nur geringfügige Wachstumsänderungen zu beobachten sind, und gilt (2.84) in jedem dieser Intervalle auch dann, wenn man von der jeweiligen maximalen Bevölkerungszahl ausgeht, so ist die betrachtete Gesellschaft sicher für den gesamten Zeitraum 'ökonomisch lebensfähig'.

$$eF_1 + s_1 \geq z_2 + d_2 \ . \tag{2.86}$$

Demnach sind die materialen Voraussetzungen für die Produktion in Periode (2) besser als die in Periode (1), da nicht nur die gleiche Menge an Vorräten eF_1 vorhanden ist, sondern außerdem noch das Surplusprodukt s_1. Sowohl die Produktions- als auch die Konsummenge sind auf die Summe dieser beiden Größen beschränkt. Da $s_2 \geq 0$ sein soll, können wir die rechte Seite von (2.86) noch etwas umformen:

$$eF_1 + s_1 \geq q_2 - s_2 \ . \tag{2.87}$$

Man sieht, daß eine Steigerung des Bruttoprodukts in Δt_2 über das durch den Ersatzfonds

$$eF_2 = eF_1 + s_1 \ . \tag{2.88}$$

gesetzte Maß hinaus nur dann und insoweit erfolgen kann, wie das während der Periode (2) erzeugte Surplusprodukt anwächst. Bei $s_2 = 0$ ist das Bruttoprodukt gleich dem Verbrauch an Produktions- und Lebensmitteln, und dieser ist durch eF_2 limitiert.

Es scheint, daß der mit Hilfe des Surplusprodukts definierte Begriff der ökonomischen Lebensfähigkeit sinnvolle ökonomische Implikate hat; er erfaßt eine Größe, die Bruttoprodukt, Konsum und produktiven Konsum ins Verhältnis setzt. Dabei scheint das Maß an Willkür, das in jede Definition eingeht, nicht sehr groß zu sein.

Nochmals soll betont werden, daß sich u.U. *ökonomische* Lebensfähigkeit in dem hier definierten Sinne als nicht ausreichend für *politische* Überlebensfähigkeit eines ökonomischen Systems erweist. Auch in ökonomischer Hinsicht handelt es sich um ein nicht sehr scharfes Schwert bei der Beurteilung der Leistungsfähigkeit unterschiedlicher Ökonomien. Aber es ist immerhin scharf genug, um die Grenze für die Existenz eines eindeutig bestimmbaren Wertevektors zu sichern. Dieser theoretische Zweck jener Begriffsbildung kann aber erst im nächsten Kapitel voll verständlich werden.

3. Die wertmäßige Struktur des Reproduktionsprozesses

Vollzieht sich der ökonomische Reproduktionsprozeß einer gegebenen Gesellschaft unter den Bedingungen der Warenproduktion und des Warentausches, so wird die gebrauchswertmäßig-stoffliche Struktur durch *Wertverhältnisse* überlagert. Die Determination des Warenaustausches durch die Werte erfolgt dabei innerhalb der Möglichkeiten, die die naturale Struktur zuläßt: Wo kein Gebrauchswert ist, hat auch der Wert 'sein Recht' verloren. Ein Beispiel dafür sind die Verteilungsverhältnisse, die unter gebrauchswertmäßig-stofflichem Aspekt durch die Gleichung (2.69) des vorangehenden Kapitels erfaßt werden. Wie bereits festgestellt, gibt es unendlich viele Möglichkeiten, diese Gleichung zu erfüllen. Innerhalb dieses Möglichkeitsfeldes hat der Wert einen gewissen Spielraum, die Bewegung der Gebrauchswerte - und damit in vermittelter Weise auch die Struktur und Entwicklung einer Volkswirtschaft (bzw. der Weltwirtschaft) - zu determinieren.

Im Unterschied zu anderen werttheoretischen Untersuchungen wird hier nicht von vornherein die tatsächliche Existenz eines vom Gebrauchswert und vom Preis unterschiedenen Wertes unterstellt. Bevor substantielle ökonomische Fragen mit Hilfe des Wertbegriffes untersucht werden können, ist sicherzustellen, daß ein solches, an und für sich nur von der Wissenschaft erfaßbares Objekt, wie es der 'Wert' vorstellt, überhaupt gibt. Der Zweck dieses Kapitels besteht darin, die theoretischen Voraussetzungen für den empirischen Nachweis der Existenz von Wertverhältnisses zu schaffen.

Existenznachweise haben ihre eigenen, objektspezifischen Regeln. Die Existenz eines sinnlich wahrnehmbaren Gegenstands muß anders nachgewiesen werden als die eines nur theoretisch identifizierbaren Objektes. Der Wert wird traditionell als ein theoretisch erfaßbares Objekt einer empirischen Theorie verstanden. Der Existenznachweis umfaßt deshalb mindestens die folgende Aspekte:

(i) die Auszeichnung einer empirischen Basis der Werttheorie, d.h. der Bedingungen für die Existenz von Werten, durch explizite Formulierung der (theoriespezifischen) Regeln, nach denen diese Basis aufgrund von Beobachtungen gewonnen werden kann;

(ii) der weitgehend mathematisch zu führende Nachweis, daß der Wert einer beliebigen Ware auf Grundlage der Arbeitsquantentheorie und der nach ihren Regeln gewonnenen Daten im Prinzip, d.h. unabhängig von rechentechnischen Voraussetzungen und empirisch-pragmatischen Meßproblemen, eindeutig zu bestimmen ist;

(iii) der Nachweis, daß der Wert Auswirkungen hat oder haben müßte, die tatsächlich beobachtet werden oder wenigstens beobachtet werden können, wenn bestimmte, wenigstens annähernd realisierbare Bedingungen vorliegen (die Basis für empirische Tests).

Die Menge der unter (iii) genannten Phänomene - so vorhanden - bildet lediglich einen Teilbereich der in (i) bezeichneten *empirischen Basis der Werttheorie*. Der andere Teil wird durch diejenigen Fakten konstituiert, die - in der Terminologie der empirisch-analytischen Wissenschaftstheorie - unter den Begriff der "Randbedingungen" fallen. Wir werden sehen, daß dazu die im 2. Kapitel eingeführten Größen zählen, die die gebrauchswertmäßig-stoffliche Struktur beschreiben.

In diesem Kapitel wird der Existenznachweis im Sinne des Aspekts (iii) völlig ausgeklammert. Das hat in erster Linie systematische Gründe. Interpretiert man die traditionelle Auffassung, daß der Wert den Preis bestimmt, im Sinne einer Überprüfungsmöglichkeit der Werttheorie, so ergibt sich, daß wesentliche Auswirkungen der Wertverhältnisse - möglicherweise aber nicht alle - vermittels preistheoretischer Überlegungen erfaßt werden können. Das ist der Grund, weshalb Überlegungen zum Test der Werttheorie erst nach einer Formulierung des Zusammenhangs zwischen Wert und Preis sinnvoll anzustellen sind. Genau dieser Zusammenhang ist der wesentliche Inhalt einer Preistheorie, die sich von werttheoretischen Vorstellungen leiten läßt.

Der Nachweis der Existenz des ökonomischen Werts im Sinne der Punkte (i) und (ii) kann nur innerhalb einer mathematisch formulierten Werttheorie geführt werden. Diese Theorie wird jetzt dargestellt. Sie behauptet eine Reihe von Beziehungen, deren Existenz in dem erläuterten Sinne hypothetisch ist. Da der Wert ein Objekt ist, das nur in einem System von ökonomischen Verhältnissen existieren kann, bedeutet die Darlegung der Werttheorie inhaltlich die Darstellung grundlegender ökonomischer Zusammenhänge, die zur wertmäßigen Struktur des Reproduktionsprozesses gerechnet werden müssen - falls die reale Existenz des Wertes nachgewiesen werden kann.

Unabhängig vom Problem des Existenznachweises hat die folgende Darstellung noch eine theoriegeschichtliche Bedeutung für die Rekonstruktion der Marxschen Werttheorie. Ein mathematisches Modell wie das hier dargestellte kann jene Theorie immer nur mehr oder weniger adäquat erfassen. In der Literatur ist versucht worden, formale Kriterien aufzustellen, an denen die Adäquatheit solcher Rekonstruktionen überprüft werden kann.[1] Demgegenüber wird hier die Auffas-

[1] Vgl. E.Zalai: Joint Production and Labour Values. In: Acta Oeconomica. Bd.35 (3-4). S.333.

sung vertreten, daß die Adäquatheit einer Rekonstruktion vor allem daran gemessen werden muß, in welchem Maße es gelingt, aus dem mathematischen Modell die gleichen inhaltlich-substantiellen Aussagen (Sätze) abzuleiten, die anerkanntermaßen zu jener Theorie gerechnet werden.[2]

In diesem Buch liegt der Akzent jedoch nicht in erster Linie auf dem Nachweis, die Marxsche Theorie adäquat zu rekonstruieren. Der Hauptpunkt ist vielmehr die konsistente Darstellung eines solchen mathematischen Modells für die Erfassung der werttheoretisch relevanten Verhältnisse, das bis zu einer empirischen Überprüfung geführt werden kann und insofern auch unabhängig von jener Theorie eine Bedeutung hat.

3.1. Das Grundproblem der Werttheorie

Karl Marx wird mitunter als derjenige angesehen, der die werttheoretischen Vorstellungen seiner ökonomischen Vorgänger *Adam Smith* und *David Ricardo* zu einer in sich konsistenten, in Teilen möglicherweise aber auch überflüssigen (redundanten)[3] Theorie umgearbeitet und zusammengefaßt hat. Das Folgende beruht auf einer wesentlich schwächeren Voraussetzung, nämlich auf der Annahme und dem expliziten Ausweis gewisser Vorstellungen und Probleme, die den genannten Theoretikern gemeinsam angehören. Allerdings erlaubt speziell die Marxsche Terminologie die einfache Formulierung eines Problems, das er selber zwar reflektiert, dann aber einfach beiseite geschoben hat, obwohl - oder vielleicht gerade: weil - er irrtümlicherweise glaubte, dafür eine bessere Lösung als seine Vorgänger gefunden zu haben. Marx' Leistung beschränkt sich in diesem Punkt auf die Ausarbeitung einer zweckmäßigen Terminologie: Es wäre ziemlich verwirrend, das betreffende Problem mit Hilfe der Begrifflichkeit eines *Smith* oder *Ricardo* zu reformulieren.

Anknüpfend an die im ökonomischen Hauptwerk von Marx "Das Kapital. Kritik der Politischen Ökonomie, 1. Buch" entwickelte Terminologie, stellt sich bei der

[2] Den Nachweis der inhaltlichen Übereinstimmung des Modells mit wesentlichen Sätzen der Marxschen Arbeitswerttheorie habe ich in verschiedenen Artikeln in den 80er Jahren geführt. Die Zielstellung jener Arbeiten war wesentlich durch die (teilweise abgesprochene) wissenschaftspolitische Strategie einiger DDR-Autoren (M.Hieke, J.Köhler, Th.Kuczynski, G.Quaas, P.Ruben, P.Seidelmann) motiviert, der politökonomischen Diskussion ein wissenschaftliches Niveau aufzuzwingen. Dabei hatte die Berufung auf Marx klarerweise eine legimatorische Rolle zu spielen.

[3] Vgl. z.B. E. Feess-Dörr: Die Redundanz der Mehrwerttheorie. Marburg 1989. S.91 ff.

quantitativen Bestimmung der Warenwerte folgendes Problem: Jede Ware hat, wenn auch für die menschlichen Sinne nicht direkt wahrnehmbar, eine quantitative Eigenschaft an sich, die als "Wert" bezeichnet wird und die das Verhalten der Waren im Tauschverkehr so grundlegend beeinflußt, daß eine bestimmte, zweiseitige Handlung (der Tausch bzw. Kauf und Verkauf) gar nicht zustande käme, wenn die zu tauschenden Objekte (Waren) nicht wenigstens annähernd die gleiche Menge von jener quantitativen Eigenschaft besitzen würden, d.h. wenn sie nicht wenigstens annähernd *den gleichen Wert* hätten. In pragmatischer Hinsicht genügt es, wenn die Warenbesitzer *der Meinung* sind, Waren mit annähernd denselben Werten auszutauschen. Sollte dies tatsächlich öfters *nicht* der Fall sein und sich die im Warenaustauch verborgene Ungleichheit der handelnden Seiten systematisch wiederholen, führt dies normalerweise zum Ruin eines der beiden Akteure. Dies ist an anderer Stelle ausführlich dargestellt worden.[4]

Den Wert muß man sich demnach als eine bestimmte Quantität vorstellen, d.h. als eine mathematisch darstellbare Größe, die man bezeichnen und mit der man - wortwörtlich - rechnen kann. Der Wert soll also im folgenden als eine *Größe*, genauer gesagt: als eine Variable "W" behandelt werden, die von Ware zu Ware wechselt, innerhalb einer Warenart aber relativ konstant bleibt. Der Wert ist in genau diesem Sinne eine Funktion des Gebrauchswerts einer Ware, denn mit Hilfe des Gebrauchswert-Begriffs unterscheiden wir verschiedene Warenarten. Rein mathematisch gesehen kann somit jeder gebrauchswertmäßig unterscheidbaren Ware "a" (im Prinzip) genau *ein* bestimmter Wert zugeordnet werden: $W = W(a)$. Zwischen Wert und Gebrauchswert besteht im mathematischen Sinne also eine (eindeutige) Funktion.

Auch wenn der Wert als eine quantitativ bestimmte Eigenschaft gewisser Gebrauchswerte, die auf dem Markt als Waren fungieren, angesehen werden kann, so heißt dies jedoch nicht, daß der Wert mit dem Gebrauchswert ursächlich zusammenhängt. Vom Standpunkt der Arbeitswerttheorie entsteht der Wert einer Ware einzig und allein dadurch, daß bei ihrer Produktion menschliche Arbeit notwendig ist. Der Wert einer Ware ist um so höher, je mehr Arbeit zu ihrer Herstellung erforderlich ist - bei dem jeweils historisch gegebenen Stand der Ausbildung und der Technik. Menschliche Arbeit ist die einzige originäre Ursache des Warenwerts.

Doch Arbeit ist nicht alles, was bei der Bestimmung der Wertgröße einer Ware

4 Vgl. G. Quaas: Werttheoretische Rekonstruktion der Konkurrenz als Ursache der Unterentwicklung. In: F.Quaas/ G.Quaas (Hrsg.): Elemente zur Kritik der Werttheorie. Frankfurt a.M. 1997. S.243 ff.

zu berücksichtigen wäre. Ein Teil des Warenwerts muß den Wert der Produktionsmittel, die bei der Herstellung der Ware verbraucht worden sind, ersetzen. Nach Marx' Theorie wird der Wert der Produktionsmittel durch den Produktionsprozeß anteilig, d.h. je nach Verschleiß, auf das Produkt "übertragen". Dabei wird nur der "gesellschaftlich notwendige" Produktionsmittelverbrauch berücksichtigt. - Dies scheint auf eine zweite Quelle des Warenwerts hinzudeuten; doch auch die Produktionsmittel haben nur deshalb einen Wert, weil sie irgendwann einmal "vom Feuer menschlicher Arbeit beleckt" worden sind.[5]
Die produzierte Ware hat demnach einen Gesamtwert (Produktenwert), der sich aus dem durch Arbeit geschaffenen neuen Wert (Wertprodukt) plus dem übertragenen Wert (der von Marx als "konstantes Kapital" bezeichnet wird, was eine nicht für alle warenproduzierende Gesellschaften zutreffende Bezeichnung ist) zusammensetzt:

$$W = W_{neu} + W_{ü} \tag{3.1}$$

Mit Hilfe dieser Begrifflichkeit läßt sich nun das werttheoretische Grundproblem formulieren, dessen Lösung keinem der Klassiker der Werttheorie überzeugend gelang. Dazu betrachten wir zuerst den übertragenen Wert $W_{ü}$!
Der insgesamt auf eine Warenmenge übertragene Wert setzt sich in der Regel zusammen aus einer ganzen Reihe von Werten, die von mehreren, qualitativ unterschiedlichen Produktionsmitteln auf das Produkt übertragen worden sind. Die quantitative Bestimmung der Größe des übertragenen Wertes setzt demnach voraus, daß der Wert der verschiedenen Produktionsmittel, die bei der Produktion einer Ware mitwirken, bekannt ist. Ginge es nur darum, den Wert einer einzigen Ware zu bestimmen, sagen wir: in einer mikroökonomischen Untersuchung, so könnte in der Tat unterstellt werden, daß - sozusagen als Randbedingung einer einzelnen Wertschöpfung - der Wert der anderen, als Produktionsmittel in den Produktionsprozeß eingehenden Waren bereits bekannt ist. Anders liegt der Fall aber, wenn im Rahmen einer gesamtgesellschaftlichen Betrachtung des ökonomischen Reproduktionsprozesses die Gesamtheit aller Produktionsprozesse analy-

[5] Der Bruttowert wird von *Adam Smith* bekanntlich auf drei Bestandteile (Lohn, Profit und Rente) zurückgeführt. Trotz dieser Vernachlässigung des übertragenen Werts, ist Smith realistisch genug, ihn bei praktischen Beispielen zu erwähnen: "What remains of the crop after paying the rent, therefore, should not only *replace* them [the farmers] *their stock* employed in cultivation, together with ordinary profits, but pay them the wages which are due to them, both as labourers and overseers." A. Smith: The Wealth of Nations. New York. Nachdruck 1991. S.47. (Hervorhebungen von mir - d.A.)

siert wird. Konsequenterweise muß hier weiter gefragt werden müssen: Wie bestimmt man den Wert der Produktionsmittel? Diese Wertgrößen können nicht einfach als gegeben vorausgesetzt werden! Die Antwort lautet: Der Wert jedes einzelnen Produktionsmittels ergibt sich als Summe des in ihm neu vergegenständlichten Wertes plus dem Wert aller zu seiner Herstellung verbrauchten Produktionsmittel. Bei letzteren muß die Frage erneut gestellt werden, wie ihr Wert bestimmt werden soll, so daß sich der Umfang der zu ermittelnden Wertgrößen so lange ausweitet, bis alle qualitativ unterschiedlichen Waren, die als Produktionsmittel wirken, in die Rechnung einbezogen werden.

Um den Wert einer Ware zu bestimmen, muß man den Wert aller derjenigen Waren kennen, die als Produktionsmittel fungieren. Mag dies allein schon paradox genug klingen, ein unendlicher Regreß entsteht erst dann, wenn man sich an die Beliebigkeit der Ware erinnert, deren Wert berechnet werden soll: der Satz, daß die Bestimmung des Wertes einer einzelnen Ware die Kenntnis des Wertes aller Produktionsmittel voraussetzt, gilt auch für den Wert eben dieser Produktionsmittel. Damit ergibt sich die erste Paradoxie: Die Bestimmung des Wertes der Produktionsmittel setzt die Kenntnis des Wertes der Produktionsmittel voraus. Wenn es sich aber als unmöglich erweisen sollte, den Wert der Produktionsmittel zu bestimmen, dann kann auch der Wert einer beliebigen anderen Ware, die kein Produktionsmittel ist, auf keine Weise bestimmt werden, da in diesem Fall die Größe des übertragenen Wertes unklar bleiben muß.

Für jede werttheoretische Untersuchung des ökonomischen Reproduktionsprozesses ist es grundlegend, zu wissen, ob wenigstens im Prinzip den Waren eindeutig ein bestimmter Wert zugeordnet werden kann. Das muß zunächst in Frage gestellt werden: die zu bestimmenden Werte der Gesamtheit von Waren hängen vom Wert (wenigstens eines Teils) eben dieser Waren ab.

Ein ähnlicher "circulus vitiosus" ergibt sich, wenn man den im Produktenwert enthaltenen Neuwertanteil hinsichtlich seiner Determinanten analysiert: Der Neuwert ist nach Marx quantitativ bestimmt durch den Wert der Ware Arbeitskraft und die jeweilige Mehrwertrate. Der Wert der Arbeitskraft hängt andererseits vom Wert der Lebensmittel ab, die zur Reproduktion der physischen und psychischen Existenz der Arbeitskraft benötigt werden. - Auch in dieser Hinsicht setzt die Wertbestimmung einer einzigen Ware voraus, daß der Wert vieler anderer Waren bekannt ist.

Will man den Wert einer (beliebigen) Ware berechnen, so wird man auf den Wert anderer Waren verwiesen, die entweder direkt als Produktionsmittel oder - wie im Fall der Arbeitskraft - indirekt als Lebensmittel an der (Re-)Produktion dieser

Ware beteiligt sind. Dieser Verweisungszusammenhang kann folgendermaßen veranschaulicht werden:

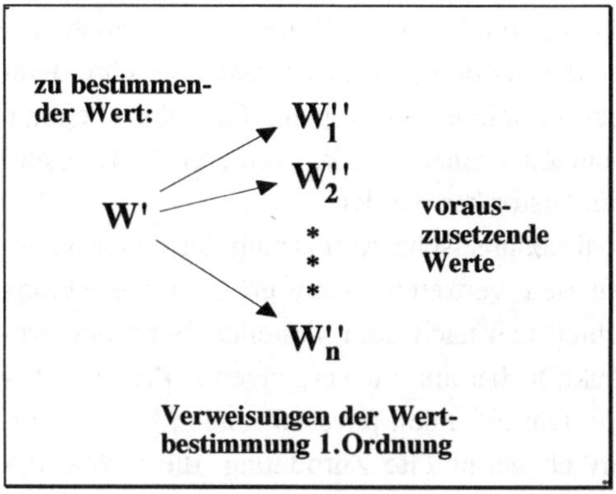

Abb. 2: Der Stammbaum der Werte: 2 Generationen

Die Berechnung der 'zweiten Generation' *W''* verzweigt sich in ähnlicher Weise, so daß ein 'Stammbaum der Werte' entsteht, der in seinem Umfang zunächst stark anschwillt, dann aber die Totalität aller Waren ausschöpft. - In der folgenden Abbildung ist nicht nur die Ausdehnung des Stammbaumes, sondern auch die Tendenz zur Reduktion seines Umfanges angedeutet worden: Es treten Überschneidungen auf, indem beispielsweise die Berechnung der Werte W_1'' und W_2'' der zweiten Generation die Kenntnis ein und derselben Wertgröße W_2''' von Waren der dritten Generation voraussetzt:

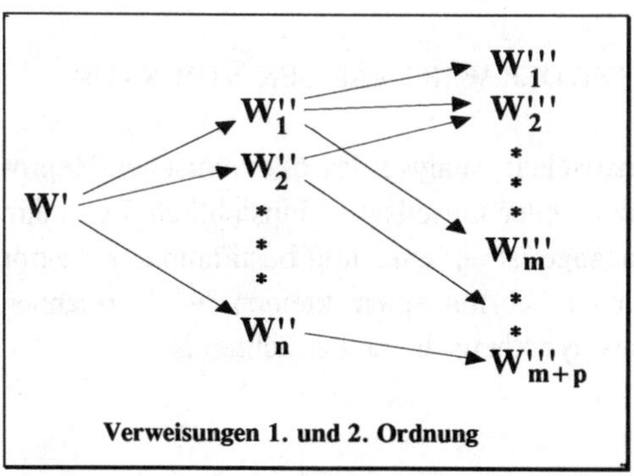

Abb. 3: Der Stammbaum der Werte: 3 Generationen

Der Stammbaum der Werte wird manchmal historisch interpretiert, d.h. als zeitliche Abfolge: Der Wert einer Ware hängt ab vom Wert der Produktionsmittel in der vorangegangenen Produktionsperiode, der Wert der dort angewandten Produktionsmittel ist wiederum abhängig vom Wert der Waren, wie er noch eine Periode früher galt, usw.[6] Der Wert einer modernen Rechenmaschine wäre demnach abhängig vom Wert der Bibelexemplare, die Johann Gutenberg einmal druckte, wenn sich zwischen ihnen ein Zusammenhang konstruieren ließe. Unter diesen Umständen müßte der Ökonom Historiker werden.

Demgegenüber wird hier eine rein funktionalistische Auffassung der Determinanten, die den Wert einer Ware beeinflussen, vertreten: Der Wert ist immer aktuell bestimmt. Der übertragene Wert richtet sich nach dem aktuellen Wert der Produktionsmittel, auch wenn die Produktion bereits ein vergangener Prozeß ist. - Die Wertübertragung sollte man sich nicht als einen physisch-realen Prozeß vorstellen, sondern als eine gesellschaftlich vermittelte Zurodnung: die Größe des übertragenen Wertes wird bei veränderten Produktionsbedingungen noch nach Ablauf des physischen Vorgangs der Produktion berichtigt (sog. Wertrevolutionen).

Mit dieser aktualistischen Interpretation des Stammbaums der Werte bleiben wir zwar innerhalb der Grenzen der Ökonomie, das oben formulierte Problem erfährt jedoch keine Lösung, sondern allenfalls eine Zuspitzung: der aktuelle Wert aller Waren ist es, der den aktuellen Wert aller Waren bestimmt.

Eine Lösung dieses Problems ist mit den Mitteln der linearen Algebra möglich. Dazu müssen wir allerdings noch etwas in die Feinstruktur der wertmäßigen Zusammenhänge eindringen.

3.2. Grundgrößen und -Gesetze der wertmäßigen Struktur

Grundlage jeder komplexen mathematischen Analyse des ökonomischen Reproduktionsprozesses einer warenproduzierenden Gesellschaft hinsichtlich der in ihm enthaltenen wertmäßigen Zusammenhänge ist ein eindeutig bestimmbarer Vektor der Werte aller Waren, den wir hier einfach mit einem kleinen "w" bezeichnen und dessen Existenz zunächst noch als hypothetisch zu betrachten ist:

---

[6] Ein Beispiel dafür wird im 5. Kapitel in Zusammenhang mit der dortigen Gleichung (5.92) gegeben.

$$w = \left(\frac{W(q_1)}{q_1}, \frac{W(q_2)}{q_2}, \ldots, \frac{W(q_n)}{q_n} \right). \tag{3.2}$$

Dabei sind die q_i (i=1,...,n) die Komponenten des (stofflichen) Bruttoproduktvektors q, und $W(q_i)$ der (ökonomische) Wert eines solchen Bestandteils des Bruttoprodukts. Der Quotient $W(q_i)/q_i$ erfaßt also den Wert einer einzelnen Ware der Sorte i.[7] w ist - im Unterschied zu den bisher betrachteten Vektoren für die gebrauchswertmäßig-stoffliche Struktur - ein Spaltenvektor:[8] bei Multiplikation mit einem Matrixoperator steht der Wertevektor *rechts* neben der Matrix.
Die Elemente des Spaltenvektors w sollen die Wertgrößen der verschiedenen, in der gegebenen Gesellschaft produzierten Waren erfassen - bezogen auf eine Wareneinheit, die physisch durch die Gebrauchswerteinheit verkörpert wird. Der Wert des Bruttoprodukts ist dann per definitionem gleich dem Produkt aus der Matrix Q und dem Vektor w:

$$w(q) = Q\,w\,. \tag{3.3}$$

Die einzelnen Diagonalelemente der Matrix des Bruttoprodukts Q werden vermittels des Vektors w 'bewertet'; das Resultat dieser Prozedur ist der Vektor $w(q)$, der die in den verschiedenen Zweigen erzeugten Totalwerte darstellt und außerdem eine Funktion des Bruttoprodukt-Vektors q bzw. der dazugehörigen Diagonalmatrix Q ist.
In ähnlicher Weise sollen nun die anderen Matrizen bewertet werden, die bei der Erfassung der gebrauchswertmäßig-stofflichen Struktur des ökonomischen Reproduktionsprozesses im 2. Kapitel eine Rolle gespielt haben. Das Resultat einer solchen Bewertung sind wertmäßige Größen, mathematisch ausgedrückt durch Skalare, Vektoren oder Matrizen, die oft eine selbständige ökonomische Bedeutung haben und deshalb als solche definiert werden müssen. Bei der ökonomischen Interpretation der so definierten Größen lasse ich mich von traditionellen werttheoretischen Vorstellungen leiten. Es muß aber darauf hingewiesen werden, daß nur die formale Definition einer Größe ein für allemal gegeben werden kann, während die inhaltliche Interpretation ein Prozeß ist, der in dem Maße 'in die Tiefe' geht, wie die Theorie sich 'in die Breite' entwickelt. Nicht jede inhaltliche

[7] Die damit implizit behauptete lineare Abhängigkeit zwischen den Quantitäten Wert und Gebrauchswert gehört zu dem Hypothesenkomplex der Arbeitsquantentheorie, der anhand der Testbasis (iii) überprüft werden muß. Deshalb wird hier auf weitere Begründungen verzichtet.
[8] Nach der Notation von Gantmacher kommt dies durch die runden Klammern zum Ausdruck.

Interpretation wird deshalb sofort als die einzig mögliche mathematische Definition traditionell werttheoretischer Vorstellungen - sofern ihnen überhaupt ein Realitätsgehalt zukommt - einleuchten. Den skeptischen Leser kann ich deshalb nur bitten, seine Zweifel erst nach der Lektüre des ganzen Textes zu formulieren. Multipliziert man die Matrix des Produktionssmittelverbrauchs Z von rechts mit w, so erhält man erneut einen Vektor, der hier mit c bezeichnet werden soll:

$$c = Z\,w\,. \tag{3.4}$$

Ein beliebiges Element dieses neuen Spaltenvektors c berechnet sich - ausführlich notiert - nach der folgenden Gleichung:

$$c_i = \sum_{j=1}^{n} z_{ij} \frac{w(q_j)}{q_j}, \quad (i = 1,\ldots,n). \tag{3.5}$$

In dieser Gleichung wird der gesamtgesellschaftliche Produktionsmittelverbrauch mit dem Wert der entsprechenden Gebrauchswerteinheit multipliziert; im Anschluß daran werden alle diese Werte aufsummiert. c_i ist dann der im i-ten Industriezweig durch die Anwendung der Produktionsmittel verursachte 'Wertverlust'. Analog zur Gleichung (3.4) läßt sich auch die Matrix D bewerten. Dabei erhalten wir wiederum einen Vektor, der eine Wertgröße darstellt, die formal folgendermaßen definiert wird:

$$v = D\,w\,. \tag{3.6}$$

Die i-te Zeile der Matrix D erfaßt den Lebensmittelverbrauch der gesamten Arbeiterschaft des i-ten Zweiges (einschließlich des Konsums ihrer Familienmitglieder und der Dienstleistenden) differenziert nach den verschiedenen Warensorten. Werden diese für jeden Zweig spezifischen Mengen Position für Position mit dem entsprechendem Wert multipliziert und dann aufsummiert, erhält man v_i, d.h. den Wert, der im i-ten Industriezweig zur Reproduktion der Arbeitskräfte verbraucht worden ist:

$$v_i = \sum_{j=1}^{n} d_{ij} w_j \quad (i = 1,\ldots,n) \text{ mit } w_j = \frac{w(q_j)}{q_j} \quad (j = 1,\ldots,n)\,. \tag{3.7}$$

Eine typisch Marxsche Vorstellung besteht darin, daß der Wert der verbrauchten

Lebensmittel nicht einfach verlorengeht, sondern als Wert der Arbeitskräfte wiedererscheint, und zwar dann und nur dann, wenn dieser Lebensmittelverbrauch zum historisch gegebenen Standard bei der Reproduktion der betreffenden Arbeitskräfte gehört. Es handelt sich im Rahmen dieser Theorie aber um die quantitative Identität grundsätzlich verschiedener Größen: Der Wert der Lebensmittel ist mit ihrem Verzehr definitiv vernichtet worden; auf der anderen Seite wird durch die Konsumtion der Lebensmittel menschliche Arbeitskraft produziert. Wenn man aus ökonomischen Gründen der Arbeitskraft einen Wert zuordnen muß (weil dieser Wert bei der theoretischen Erklärung ihres Verkaufs eine unverzichtbare Rolle spielt), so kann es sich dabei nur um den Stellvertreter für all' die Werte handeln, die bei der Bildung dieser Arbeitskraft verbraucht worden sind. Das ist aber eine qualitativ verschiedene Größe. Nur in quantitativer Hinsicht kann sie mit dem Wert der verbrauchten Lebensmittel identisch sein. Da die Matrix D so definiert worden ist, daß sie nur den zur Reproduktion der Arbeitskräfte historisch notwendigen Verbrauch erfaßt, definiert die rechte Seite der Gleichung (3.6) bzw. (3.7) den wertmäßigen Ausdruck dieses Konsums. Die linke Seite dagegen repräsentiert den Wert der Arbeitskräfte im i-ten Industriezweig. (Die Bezeichnung "variables Kapital" (*Marx*) ist das entsprechende Äquivalent unter kapitalistischen Verhältnissen.)

Multipliziert man Gleichung (3.6) von links mit der Matrix L^{-1} (die Inverse zum Arbeitskräfte-Verteilungsvektor L) und berücksichtigt man Gleichung (2.57) des zweiten Kapitels, so erhält man:

$$L^{-1}v = \chi w \ . \tag{3.8}$$

Für die rechte Seite dieser Gleichung führen wir den neuen (wertmäßigen) Vektor $w(\chi)$ ein:

$$w(\chi) = \chi w \ . \tag{3.9}$$

Im zweiten Kapitel ist der Matrix χ folgende Interpretation gegeben worden: Die i-te Zeile charakterisiere die Durchschnittsarbeitskraft des entsprechenden Zweiges hinsichtlich des Lebensmittelverbrauchs während einer bestimmten Produktionsperiode (siehe den Text zur Gleichung 2.55!). Durch die rechte Multiplikation der Matrix χ mit dem Wertevektor w wird der Lebensmittelverbrauch der für die verschiedenen Zweige unterschiedlichen Durchschnittsarbeitskräfte bewertet: die Elemente des Vektors $w(\chi)$ spiegeln dann nichts anderes als 'ihren' Wert wi-

der.
Aus der Definition (3.9) und der Gleichung (3.8) ergibt sich:

$$w(\chi) = L^{-1}v \; . \tag{3.10}$$

Die ökonomische Interpretation wird hierdurch noch einmal bestätigt: Das *i*-te Element von $w(\chi)$ ist der durchschnittliche Wert einer Arbeitskraft im *i*-ten Industriezweig oder der Wert einer durchschnittlichen Arbeitskraft dieses Zweiges.
Mit Hilfe des Vektors für den Wert aller Wareneinheiten w ist es möglich, die durch Z, D und χ erfaßte gebrauchswertmäßig-stoffliche Struktur - im wahrsten Sinne des Wortes - *zu bewerten* und damit die wertmäßige Größen c und v und $w(\chi)$ zu definieren, die den Wert des tatsächlichen Verbrauchs von Produktions- und Lebensmitteln in den verschiedenen Industriezweigen und den Wert der Durchschnittsarbeitskräfte ausdrücken. Die Zahl der Unbekannten hat sich durch die Vektoren c und v nicht vergrößert, da sie bei gegebenen Verbrauchsmatrizen vollständig von w abhängen. - Hier wird deutlich, welche Rolle der Nachweis eines eindeutig bestimmten Vektors w spielt: Ohne ihn hängen alle bisher behandelten Größen der Werttheorie quasi in der Luft! Im Rahmen der Arbeitsquantentheorie spielt also der Existenznachweis jenes Wertevektors eine absolut unverzichtbare Rolle.
Der Kern traditionell arbeitswerttheoretischer Vorstellungen besteht nun aber nicht darin, die Existenz eines nicht weiter hinterfragbaren 'Werts' zu postulieren, sondern darin, den Wert auf die menschliche Arbeit zurückzuführen. (Wie das geschehen soll, darin unterscheiden sich die Arbeitswerttheorien von *Smith*, *Ricardo*, *Marx* und *Lassalle*.) Der ökonomisch relevante Aspekt, unter dem wir die Arbeit bisher analysiert haben, ist der der Arbeitszeit: eine durchaus meßbare Größe. Der einfachste sinnvolle Ansatz für die mathematische Formulierung des Zusammenhangs zwischen Wert und Arbeit besteht in der Annahme einer linearen Relation zwischen dem neu produzierten Wert und der dabei aufgewendeten Arbeitszeit:

$$w_{neu} = T\,u \; . \tag{3.11}$$

T ist dabei die bereits bekannte Diagonalmatrix für die in den verschiedenen Industriezweigen während der Produktionsperiode Δt insgesamt aufgewendeten Arbeitszeiten (siehe Gl. 2.21 des 2. Kapitels!). Ein absolutes Glied fehlt in diesem linearen Ansatz, weil es ökonomisch bedeuten würde, daß Wert auch ohne Arbeit

zustandekommen kann. Dies wäre mit Sicherheit nicht im Sinne der *Arbeits*werttheorie.
Der Spaltenvektor u wirkt als Proportionalitätsfaktor und hat zunächst lediglich die Aufgabe, die Einheiten für Arbeitszeiten (z.B. Stunden) in *Werteinheiten* (WE) umzuwandeln. In diesem Punkt unterscheidet sich die hier vorgestellte AQT von vornherein von den meisten anderen mathematischen Modellen, die ziemlich unreflektiert die Maßeinheiten für Arbeit und Wert gleichsetzen. Wert ist jedoch keine Arbeit, sondern vergegenständlichte Arbeit. Dieser qualitative Unterschied sollte dem mathematischen Ökonomen ein hinreichender Grund sein, für das Maß der Arbeit und das des Wertes unterschiedliche Größen einzuführen. Wieviel Werteinheiten einer Arbeitszeiteinheit entsprechen, wissen wir (noch) nicht. Aber der Ansatz (3.11) bietet Raum, die eventuelle Lösung dieses Problems mit Hilfe der n Elemente des Vektors u für die verschiedenen Zweige differenziert auszudrücken. Darüber hinaus wird es erforderlich sein, den Vektor u ökonomisch zu interpretieren.
Für ein einzelnes Element des Vektors für den neu produzierten Wert gilt der lineare Zusammenhang:

$$w_{neu,i} = t_i \, u_i \quad (i = 1,\dots,n). \tag{3.12}$$

Demnach setzt sich Arbeitszeit nicht direkt in Wert um; je größer u_i ist, um so mehr Wert wird in der gleichen Arbeitszeit erzeugt. An dieser Stelle greife ich wieder auf traditionelle Vorstellungen zurück: Selbst unter der Annahme des einfachsten (nämlich linearen) Ansatzes hängt das Ausmaß der "Vergegenständlichung" von Wert bei gleicher Arbeitszeit von der zweigspezifischen Art der Arbeit ab. Es bietet sich hier die Möglichkeit an, die durch u_i erfaßbaren zweigspezifischen Differenzen als unterschiedliche *Kompliziertheitsgrade* der Arbeit zu interpretieren. Dies impliziert, daß der Kompliziertheitsgrad der Arbeit für jeden Industriezweig als typisch und in dieser Hinsicht als eine zweigspezifische Durchschnittsgröße betrachtet wird.
Mit (3.12) kann die Vorstellung zusammenbestehen, daß jeder Zweig zwar seinen eigenen (durchschnittlichen) Kompliziertheitsgrad der Arbeit hat, darüber hinaus aber irgendeine, bisher noch nicht aufgedeckte Funktion der tatsächlich vorkommenden Arbeitsarten ist, die in dem betreffenden Zweig verrichtet werden (heterogene Arbeit).
Entscheidend für die ökonomische Abstützung dieser Interpretation ist, ob und wie sie in die bereits vorhandenen Differenzierungen, Definitionen und Interpre-

tationen eingefügt werden kann. M.E. kann die Vorstellung, daß es für jeden Zweig einen typischen Kompliziertheitsgrad der Arbeit gibt, nur dann aufrechterhalten werden, wenn er sich zwanglos auf den ebenfalls zweigspezifischen Wert der Durchschnittsarbeitskraft zurückführen läßt. Eine lineare Relation zwischen diesen beiden würde ökonomisch bedeuten, daß sich höherwertige Arbeitskraft in einem höheren Wertprodukt vergegenständlicht. Mir scheint, daß dies jedenfalls der Vorstellung all' derjenigen Arbeitswerttheoretiker entspricht, denen es auf Darstellung der ökonomischen Realität und nicht auf die Propagierung irgendwelcher unrealistischer Gleichheitsvorstellungen ankam.
Versuchen wir es also mit dem Ansatz

$$u = \gamma\, w(\chi), \tag{3.13}$$

der zwischen dem Kompliziertheitsgrad der Arbeit und dem Wert der Arbeitskräfte einen linearen Zusammenhang postuliert! Dabei ist γ ein skalarer Faktor, der vor allem die Aufgabe hat, die Einheiten der beiden Vektoren u und $w(\chi)$ aneinander anzupassen. Er hat die Dimension 1/Arbeitszeit. Würden wir γ als Diagonalmatrix ansetzen, wäre der Zusammenhang zwischen Wert der Arbeitskraft und Kompliziertheitsgrad beliebig und der Konsistenznachweis damit witzlos, weil stets erfüllbar.
Setzt man Gl. (3.9) ein, ergibt sich:

$$u = \gamma\, \chi\, w\ . \tag{3.14}$$

Diese Gleichung führt den Kompliziertheitsgrad der Arbeit im wesentlichen, d.h. abgesehen von dem Faktor γ, auf die Bewertung einer stofflichen Komponente, nämlich des Lebensmittelverbrauchs der Durchschnittsarbeitskräfte, zurück.
Unser Ziel war es, den Wert auf Arbeit zu reduzieren. Dazu müssen wir (3.14) in die Gleichung (3.11) einsetzen:

$$w_{neu} = \gamma\, T \chi\, w\ . \tag{3.15}$$

Hier zeigt sich ganz klar der für den Nicht-Mathematiker unlösbare *circulus vitiosus* bei der Bestimmung der Wertgröße: Wir sind dabei, den Wert auf Arbeit zurückzuführen; dies ist zwar im wesentlichen gelungen, da auf der rechten Seite das Maß für die geleistete Arbeit T auftritt; allerdings stößt man bei der Reduktion des Wertes auf Arbeit letztlich auf nichts anderes als wieder - den Wert.

Genauer gesagt haben wir den neu produzierten Wert w_{neu} zwar auf die Arbeitszeit T zurückgeführt; zu den vermittelnden Faktoren zwischen diesen beiden Größen gehört allerdings der Wertevektor w, dessen Existenz erst noch nachzuweisen ist!

Bevor wir dieses Problem lösen, wollen wir es zunächst vertiefen, indem wir einen zweiten Zusammenhang rekonstruieren, der eine Reduktion des Wertprodukts w_{neu} auf andere werttheoretische Größen gestattet. Darüber hinaus ist dies ein weiterer Baustein für den Konsistenznachweis der hier entwickelten Theorie.

Im Produktionsprozeß stehen sich die folgenden Werte gegenüber: der Wert der Arbeitskräfte und der durch diese Arbeitskräfte neu produzierte Wert (das Wertprodukt). Der Wert der Arbeitskräfte ist nach der hier vorgenommenen Interpretation nichts anderes als eine Stellvertretergröße für den Wert der durch die Arbeiter verbrauchten Lebensmittel. Die Produktion könnte auf Dauer nicht stattfinden, wenn die Beschäftigten nicht einmal so viel Wert produzierten, wie sie zu ihrem Lebensunterhalt benötigen. Deshalb könnte man zunächst davon ausgehen, daß im allgemeinen das Wertprodukt größer als der Wert der Arbeitskräfte ist. Darauf werden wir uns allerdings nicht festlegen. (Das Zutreffen dieser Bedingung wird später noch exakt formuliert und untersucht.) Diese inhaltliche Überlegung dient hier nur als Orientierungshilfe für die Form der jetzt abzuleitenden Gleichung. Mit ihr wird die Differenz zwischen dem Wertprodukt und dem Wert der Arbeitskräfte definiert. Es sei:

$$m_i = w_{neu,i} - v_i \qquad (i = 1,\ldots,n). \tag{3.16}$$

Nach den eben angestellten Überlegungen werden die Elemente des Vektors m in der Regel positiv sein. Aber es ist nicht ausgeschlossen, daß sie unter gewissen Umständen auch gleich Null oder sogar negativ werden. Es sei ausdrücklich hervorgehoben, daß nach der allgemeinen Definition (3.16) die einzelnen Elemente des Vektors m unabhängig voneinander sind.

m_i ist der Überschuß an Wert, der nach Abzug des durch die Arbeiter verbrauchten Werts vom neu produzierten Wert übrig bleibt. Es liegt nahe, den durch die Koordinaten m_i gebildeten Vektor m in Anlehnung an die Tradition, hier speziell an Marx' "Kapital", den *Mehrwertvektor* zu nennen. Ich mache aber darauf aufmerksam, daß die Arbeitsquantentheorie dadurch nicht von der Gültigkeit der Marxschen Theorie abhängig wird. Sollte sich letztere als falsch erweisen, ist die hier entwickelte Theorie davon unabhängig, weil es sich - in diesem Punkt wenigstens - nur um eine Bezeichnungsfrage handelt.

Das Gleiche gilt für die folgende Größe, die wir als *Matrix der Mehrwertraten* M' bezeichnen. Es handelt sich nicht um die Differenz, sondern um das Verhältnis zwischen den gleichpositionierten Elementen von m und v. Es sei

$$m_i' = \frac{m_i}{v_i} \qquad (i = 1,\ldots,n) \tag{3.17}$$

die für den i-ten Zweig typische Mehrwertrate; dann lassen sich all' diese Parameter zu der Diagonalmatrix

$$M' = \| \, m_i' \delta_{ik} \, \|_1^n \qquad (i,k = 1,\ldots,n) \tag{3.18}$$

zusammenfassen und es gilt:

$$m = M'v \ . \tag{3.19}$$

Die Elemente auf der Hauptdiagonalen sind nichts anderes als die zweigspezifischen Mehrwertraten und können nach dem obigen Ansatz nicht nur von Zweig zu Zweig verschieden, sondern sogar negativ sein. (Ob dies tatsächlich der Fall oder auch nur ökonomisch sinnvoll ist, wird an anderer Stelle erörtert.)
Versucht man, mit Hilfe der soeben eingeführten Größen den strukturierten Gesamtzusammenhang darzustellen, um den es sich hier dreht, nämlich den Wertbildungsprozeß, so findet man mit Hilfe der vektoriellen Fassung von (3.16) und (3.19) eine weitere Gleichung für w_{neu}:

$$w_{neu} = (M' + E)v \ . \tag{3.20}$$

Dabei ist E die n-dimensionale Einheitsmatrix.
Wir haben jetzt neben (3.15) eine zweite Gleichung für das Wertprodukt (den neu geschaffenen Wert) gefunden, durch die er auf die Mehrwertraten und den Wert der Arbeitskräfte zurückgeführt wird. Die Gleichung (3.20) stellt die gleiche Größe wie Gleichung (3.15) dar; deshalb müssen wir sie im Rahmen einer konsistenten Theorie auch gleichsetzen können (dabei wird der Neuwert formal eliminiert):

$$(M' + E)v = \gamma \, T \chi \, w \ . \tag{3.21}$$

In diese Gleichung setzen wir den Ausdruck (2.25) aus dem 2. Kapitel für die Matrix T ein, d.h. $L\,H$, außerdem erinnern wir uns an die Gleichung (2.57) über den Zusammenhang zwischen Lebensmittelverbrauch D, Verteilung der Arbeitskräfte L und dem Lebensmittelverbrauch der Durchschnittsarbeitskräfte χ; schließlich benutzen wir die Definition (3.6) dieses Kapitels, die Definition für v, um folgende Gleichung zu erhalten:

$$(M'+E)v = \gamma\, H v\,. \tag{3.22}$$

Wie man sieht, handelt es sich um eine Vektorgleichung. Eine Besonderheit besteht darin, daß auf beiden Seiten der gleiche Vektor v auftritt.
Für beliebige v ist (3.22) nur dann erfüllt, wenn

$$(M'+E) = \gamma\, H \tag{3.23}$$

ist. Wir erinnern daran, daß H die zweigspezifischen Durchschnittsarbeitszeiten je Arbeiter erfaßt. Wäre die Arbeitszeit in allen Zweigen einheitlich, dann könnte man

$$H = \eta E \tag{3.24}$$

setzen. (Siehe Gl. 2.31 des 2. Kapitels!). Damit erhielten wir die Beziehung

$$m_i'+1 = \gamma\, \eta \qquad (i = 1,...,n), \tag{3.25}$$

die nur dann gelten kann, wenn

$$m_i' = const. \quad \text{für} \quad i = 1,...,n \tag{3.26}$$

ist. - Damit haben wir den ersten nicht-trivialen, inhaltlichen Satz abgeleitet: *Sind die Arbeitszeiten für alle Arbeiter eines ökonomischen Systems gleich, dann ist die Mehrwertrate während einer bestimmten Produktionsperiode eine Systemkonstante, d.h. für alle Industriezweige dieselbe.* Wenn Marx im "Kapital" eben diese einheitliche Mehrwertrate unterstellt, so ist dies widerspruchsfrei nur unter der Bedingung einheitlicher Arbeitszeiten denkbar.
Dieser Satz gilt natürlich nur, wenn die Existenz des Wertevektors w nachgewiesen werden kann.

Die Existenz eines eindeutig bestimmten Wertevektors habe ich in einer früheren Publikation ausgehend von der Formel (3.20) unter der Bedingung einheitlicher Arbeitszeiten nachgewiesen.[9] Wie soeben gezeigt, bedeutet dies zugleich die Bestimmung einer für das ökonomische System einheitlichen Mehrwertrate m'. Diese Einschränkung wird jetzt fallengelassen. Für den allgemeinen Fall differenzierter Arbeitszeiten der Durchschnittsarbeitskräfte verschiedener Zweige benutzen wir unmittelbar die Formel (3.15). Neben den n Koordinaten des Wertevektors enthält jene Formel noch den Faktor γ, also einen weiteren Freiheitsgrad, der im Zusammenhang mit der Bestimmung des Wertevektors festgelegt werden muß. Sind γ und H gegeben, erhält man die n verschiedenen Mehrwertraten nach (3.23). Ein System mit n verschiedenen Mehrwertraten hat somit genauso viele Freiheitsgrade wie das früher von mir betrachtete System mit nur einer systemspezifischen Mehrwertrate. Dies erweckt die Hoffnung, auch im allgemeinen Fall zu einem eindeutig bestimmten Vektor für die Warenwerte zu gelangen. Dazu fügen wir die bisher abgeleiteten werttheoretischen Grundgrößen zu einem Gleichungssystem für die Wertestruktur des gesamtgesellschaftlichen Reproduktionsprozesses zusammen.

Die Größe w_{neu} stellt nur einen Teil des Produktenwertes dar. Es handelt sich um den neu produzierten Wert. Im Produktionsprozeß werden Produktionsmittel angewandt und verbraucht. Der Vektor c mißt nach (3.4) den Produktionsmittelverbrauch der verschiedenen Zweige unter wertmäßigem Gesichtspunkt. Diese 'Kosten' müssen auf den Wert der Produkte angerechnet werden, sonst können die Produktionsmittel durch den Erlös nicht ersetzt werden. In der marxistischen Literatur wird angenommen, daß der Wert der Produktionsmittel in dem Maße auf das Produkt "übertragen" wird, wie sich diese Produktionsmittel abnutzen. Diese Annahme, so metaphysisch sie manchem auch anmuten mag, hat den Vorteil der Konsequenz: bei der "Wertübertragung" können höchstens Werte verloren gehen, aber niemals erzeugt werden. Für die Erzeugung der Werte ist allein die menschliche Arbeit verantwortlich.

Der Wert des Bruttoprodukts setzt sich demnach aus dem neu produzierten und dem "übertragenen" Wert zusammen. Auch ohne die Existenz einer "Wertübertragung" zu unterstellen, muß man annehmen, daß der durch den Produktionsmittelverbrauch verursachte Wertverlust auf der Seite des Produktenwerts angerechnet wird. Bei der Größe dieser 'Anrechnung' folgen wir wieder der

9 Vgl. G. Quaas: Wert und Gebrauchswert als Strukturen im ökonomischen Reproduktionsprozeß einer warenproduzierenden Gesellschaft. In: Wissenschaftliche Zeitschrift der Karl-Marx-Universität Leipzig. Gesellschaftswissenschaftliche Reihe 1987. Heft 4. S.391 ff.

Tradition:

$$w(q) = w_{neu} + c \, . \tag{3.27}$$

Diese Gleichung für den Wert des Produkts ist eine Konkretisierung der Gleichung (3.1). Setzt man (3.3), (3.4) und (3.15) in (3.27) ein, so erhält man:

$$Qw = \gamma T \chi w + Zw \, . \tag{3.28}$$

Diese Gleichung bringt das oben verbal formulierte Grundproblem bei der Bestimmung der Warenwerte in mathematischer Form zum Ausdruck: Auf der linken Seite steht die Gesamtheit der produzierten Werte. Diese ergibt sich - nach der rechten Seite der Gleichung - im wesentlichen aufgrund der gesamtgesellschaftlich realisierten Arbeitszeiten, gewichtet mit dem Wert der notwendigen Lebensmittel für die zweigspezifischen Durchschnittsarbeitskräfte plus dem Wert der Produktionmittel.
Doch in dieser mathematischen Form kann das Problem nicht nur formuliert, sondern auch gelöst werden. Eine einfache Umformung ergibt:

$$(Q - Z - \gamma T \chi) w = 0 \, . \tag{3.29}$$

(3.29) ist ein lineares Gleichungssystem, das unter gewissen Umständen lösbar ist. Ich nenne (3.29) eine Formulierung der *werttheoretischen Grundgleichung für den allgemeinen Fall zweiglich differenzierter Arbeitszeiten und heterogener Arbeit.* Diese Gleichung ist für den theoretischen Nachweis eines eindeutig bestimmten Vektors aller Warenwerte grundlegend. Falls ein Wertevektor w existiert, dann muß er die Gleichung (3.29) erfüllen.
Wir notieren hier noch einige äquivalente Formulierungen der werttheoretischen Grundgleichung. Nach (2.57) ist das in (3.29) auftretende $\chi = L^{-1}D$, und nach (2.26) ergibt sich aus $TL^{-1} = H$. Mit diesen Beziehungen läßt sich (3.29) wie folgt schreiben:

$$(Q - Z - \gamma H D) w = 0 \, . \tag{3.30}$$

Während in (3.29) die Arbeitszeiten aller Arbeiter der verschiedenen Zweige und der Lebensmittelverbrauch der zweigspezifischen Durchschnittsarbeitskräfte eingehen, enthält (3.30) den Lebensmittelverbrauch aller Arbeiter je Zweig und

die Arbeitszeiten der Durchschnittsarbeitskräfte.
Mit Hilfe der Gleichung (3.23) können wir die Arbeitszeiten formal auch ganz substituieren und erhalten dann eine Gleichung, die der von mir früher abgeleiteten werttheoretischen Grundgleichung[10] am ähnlichsten ist:

$$[Q - Z - (E + M')D]w = 0 \, . \tag{3.31}$$

In dieser Form ist der bekannte Zusammenhang der wertmäßigen Struktur des Reproduktionsprozesses $w(q) = c + v + m$ nach einer einfachen Umstellung und nach Ausmultiplizieren gut sichtbar, d.h. der Wert des Produkts jedes Industriezweiges ist quantitativ gleich der Summe aus dem für die Reproduktion der Produktions- und Lebensmittel erforderlichen Wert plus einem Wertüberschuß, der von anderen Mitgliedern und Teilen der Gesellschaft angeeignet werden kann. Dies zeigt noch einmal die Konsistenz der Theorie. Läßt sich ein eindeutig bestimmter Wertevektor nachweisen, dürfen wir den neu geschaffenen Wert auf die Arbeit gemäß (3.15) zurückführen. Legitimiert ist dann auch der postulierte Kompliziertheitsgrad der Arbeit und seine Abhängigkeit vom zweigspezifischen Wert der Arbeitskräfte. Falls der Mehrwert für alle Zweige positiv ist, kann man davon sprechen, daß ein Verwertungsprozeß stattfindet. In diesem Fall stellen die beteiligten Werte "Kapital" dar. Den Vektor c bezeichnen wir dann und nur dann als den Vektor des *konstanten Kapitals* und v ist der Vektor des *variablen Kapitals*.
(3.31) hat formal den Nachteil, daß der für die Arbeitswerttheorie wesentliche Zusammenhang mit den Arbeitszeiten explizit nicht mehr erkennbar ist. Deshalb gehen wir im folgenden von (3.29) aus.
Linksmultiplikation mit Q^{-1} ergibt eine von den Skalenerträgen unabhängige Bestimmungsgleichung des Wertevektors:

$$(E - \zeta - \gamma \Pi^{-1} \chi) w = 0 \, , \tag{3.32}$$

die wir dem folgenden Existenznachweis zugrunde legen werden. - Für alle Anhänger der Tradition muß an dieser Stelle vielleicht betont werden, daß die werttheoretische Grundgleichung nichts über die Ursache des Wertes aussagt, sondern eine Bedingungsgleichung ist, die erfüllt sein muß, damit alle Waren einen *eindeutig bestimmten* Wert haben. Der Zusammenhang zwischen dem neu geschaffenen Wert und der Arbeitszeit wird durch (3.15) dargestellt. Wie man sieht, setzt

---

[10] Vgl. ebd. S.399.

dieser Zusammenhang die Kenntnis des Werte-Vektors bereits voraus. Eben deshalb behaupte ich, daß Marx dieses Problem durch einfache Zurückführung der Werte auf die gesellschaftlich notwendige Arbeit grundsätzlich nicht gelöst hat. Aber das oben formulierte Problem löst sich, wenn man die werttheoretische Grundgleichung mit Hilfe bekannter algebraischer Methoden angeht.

3.3. Nachweis eines eindeutigen Systems der Warenwerte

In diesem Abschnitt handelt es sich darum, die mathematische Existenz eines eindeutig bestimmten Vektors aller Warenwerte nachzuweisen. Dieser Nachweis ist - der Natur der Sache entsprechend - sehr mathematisch. Dem Leser, der mit der Matrizenalgebra weniger vertraut ist, wird empfohlen, diesen Abschnitt zu überschlagen. Er ist dann allerdings darauf angewiesen, die Existenz eines eindeutig bestimmten Systems aller Warenwerte so wie bisher zu glauben (oder auch nicht).

Ökonomische Lebensfähigkeit hatten wir im letzten Kapitel wie folgt definiert (2.83 und 2.84):

$$s = q - z - d \geq 0 \ .$$

Es wurde dargelegt, daß diese einfache Definition eine hinreichende Bedingung darstellt, um verschiedene Vorstellungen, die man mit dem Begriff der ökonomischen Lebensfähigkeit eines Systems verbindet, abzudecken. Außerdem wurde behauptet, daß mit diesem Begriff der ökonomischen Lebensfähigkeit eine Grenze definiert wird, die die Existenz eines eindeutig bestimmbaren Vektors aller Werte sichert. Genauer gesagt ist es ein ganz klein wenig mehr als "ökonomische Lebensfähigkeit", was für diesen Existenznachweis vorausgesetzt werden muß, nämlich daß

$$s \succ 0 \qquad (3.33)$$

erfüllt ist. Angesichts der Dimensionen einer Volkswirtschaft düfte aber eine realistische Annahme darin bestehen, daß jedes ökonomisch lebensfähige System in der Lage ist, nicht nur die Ungleichung (2.84), sondern auch die Ungleichung (3.33) zu erfüllen. Dafür genügt es, wenn in den Positionen, in denen das Surplusprodukt gleich Null ist, wenigstens eine einzige Gebrauchswerteinheit zu-

sätzlich produziert oder vor dem Konsum 'gerettet' wird.
Setzen wir also die Definition des Surplus (2.83) in (3.33) unter Berücksichtigung von (2.50), (2.58) und (2.30) ein, so erhalten wir:

$$0 \prec s = q\left(E - \zeta - H^{-1}\Pi^{-1}\chi\right) . \tag{3.34}$$

Struktur und Größe der Elemente von q, ζ, H^{-1}, Π^{-1} und χ müssen so beschaffen sein, daß diese Bedingung erfüllt ist. Das ist eine Voraussetzung über die Produktions- und Lebensweise der betrachteten Gesellschaft.
Wir untersuchen jetzt, ob die Matrix

$$(E - \zeta)^{-1} \tag{3.35}$$

existiert. Es gilt:

$$q\zeta = eQ\zeta = eZ = z = q - d - s , \tag{3.36}$$

d.h., der positive Vektor q ist *kein* Eigenvektor von ζ. Aus Abschnitt 2.7 wissen wir jedoch, daß Z und dementsprechend auch ζ als eine zwar zerlegbare, aber doch nichtnegative Matrix vorausgesetzt werden kann. Folglich besitzt ζ als Konsequenz aus den Sätzen von Frobenius und Perron eine nichtnegative charakteristische Wurzel λ, die vom Betrag aller übrigen charakteristischen Wurzeln nicht übertroffen wird.[11] Dieser maximalen charakteristischen Wurzel entspricht ein nichtnegativer Eigenvektor p:

$$\zeta p = \lambda p \qquad (p \geq 0,\ p \neq 0). \tag{3.37}$$

Mit den letzten beiden Formeln kann man nun folgende Skalarprodukt-Gleichung aufstellen:

$$\lambda(q,p) = (q,\lambda p) = (q,\zeta p) = (q\zeta,p) = (q - d - s,p) \prec (q,p) . \tag{3.38}$$

Vergleicht man die äußersten Seiten, so sieht man, daß

$$0 \leq \lambda \prec 1 \tag{3.39}$$

[11] Vgl. F.R. Gantmacher: Matrizenrechnung. Bd.2. Berlin 1970. S.58.

ist. Für die adjungierte Matrix[12] zu ζ, nämlich

$$B(\mu) = (\mu E - \zeta)^{-1} \Delta(\mu) , \tag{3.40}$$

gilt die Ungleichung

$$B(\mu) \geq 0 \quad \text{für} \quad \mu \geq \lambda. \tag{3.41}$$

Für μ=1 ergibt sich

$$B(1) = (E - \zeta)^{-1} \Delta(1) \geq 0. \tag{3.42}$$

Da λ von keiner anderen charakteristischen Wurzel übertroffen wird, ist

$$\Delta(E - \zeta) = \Delta(1) \succ 0 \tag{3.43}$$

und die Matrix (3.35) existiert und ist nichtnegativ.
Mit diesem mathematischen Zwischenergebnis können wir nun darangehen, die Existenz eines eindeutig bestimmten Wertevektors zu beweisen. Für die werttheoretische Grundgleichung (3.32) existiert nur dann eine nichttriviale Lösung $w \neq 0$, wenn die Determinante

$$\Delta\left(E - \zeta - \gamma \Pi^{-1} \chi\right) = 0 \tag{3.44}$$

ist. Für s>0 ist, wie eben gezeigt (siehe 3.43!), $\Delta(E - \zeta) \succ 0$. Die Gleichung (3.44) kann jetzt offenbar nur erfüllt werden, wenn $\gamma \neq 0$ ist. Wir setzen

$$\lambda = \frac{1}{\gamma} \tag{3.45}$$

sowie

$$K = (E - \zeta)^{-1} \Pi^{-1} \chi \tag{3.46}$$

---

12 Vgl. für das Verständnis dieser Passage F.R.Gantmacher: Matrizenrechnung. Bd.1. A.a.O. S.76 f.

und formen damit die in (3.32) auftretenden Matrizen um:

$$\left(E-\zeta-\gamma\,\Pi^{-1}\chi\right)=\gamma(E-\zeta)(\lambda E-K)\ . \tag{3.47}$$

Wie man leicht sieht, ist jede Lösung der Gleichung

$$(\lambda E-K)w=0 \tag{3.48}$$

zugleich eine Lösung der werttheoretischen Grundgleichung (3.32) und umgekehrt.

Zur Lösung des Gleichungssystems (3.48) untersuchen wir jetzt die Struktur der Matrix K ! Die in K auftretende Matrix $\Pi^{-1}\chi$ hat dieselbe Struktur wie die Matrix D (siehe Abb.1, Abschnitt 2.7!) Da $(E-\zeta)^{-1}$ eine nichtnegative Matrix ist, hat auch K dieselbe Struktur wie die Matrix D - möglicherweise mit einigen Nullelementen mehr versehen.

Wir bezeichnen die drei nicht verschwindenden Blöcke aus K von oben nach unten mit K_f, K_g und K_h und zerlegen den Vektor w in die Teilvektoren w_f, w_g und w_h. (Der Index gibt hier die Dimension des entsprechenden Teilvektors bzw. die Zeilenzahl des entsprechenden Blockes aus K an.) Aufgrund der Struktur der Matrix K zerfällt Gleichung (3.48) in die folgenden drei Gleichungssysteme:

$$\lambda w_f=K_f\,w_g \tag{3.49}$$

$$\lambda w_g=K_g\,w_g \tag{3.50}$$

$$\lambda w_h=K_h\,w_g \tag{3.51}$$

Wie man sieht, stellt nur die Gleichung (3.50) ein echtes Eigenwertproblem dar, während die Werte der anderen Güter von den Werten der notwendigen Lebensmittel abhängen. In diesem Sinne spielen die notwendigen Lebensmittel bzw. die entsprechenden Produktionszweige eine zentrale Rolle bei der Bestimmung der Werte aller Waren.

Es sind wieder zwei Fälle zu unterscheiden:

(i) Ist die Matrix K_g im mathematischen Sinne unzerlegbar, so existiert aufgrund der Sätze von Frobenius und Perron eine maximale charakteristische Wurzel

$\lambda \succ 0$ und ein dazugehöriger, eindeutig bestimmter[13] positiver Vektor w_g, der Eigenvektor der Matrix K_g ist und somit die Gleichung (3.50) löst. Mit Hilfe der beiden anderen Gleichungen (3.49) und (3.51) lassen sich nun die Teilvektoren w_f und w_h bestimmen. Aus der charakteristischen Wurzel λ läßt sich mit Hilfe der Gleichung (3.45) der Umwandlungsfaktor γ bestimmen, aus dem sich nach (3.23) die Mehrwertraten des Systems ergeben.

(ii) Ist K_g zerlegbar, so gilt ein etwas 'abgeschwächter' mathematischer Satz über die Existenz einer 'maximalen' charakteristischen Wurzel λ und über die Existenz eines Eigenvektors w_g.[14] Die 'Abschwächung' besteht darin, daß beide Größen jetzt nicht mehr streng als positiv, sondern nur noch als nichtnegativ charakterisiert werden können. Sollte der singuläre Fall $\lambda = 0$ eintreten, kann man versuchen, eine der ursprünglichen Gleichungen (3.29), (3.30) oder (3.32) direkt zu lösen. Ist $\lambda \succ 0$, so kann man mit Hilfe des nicht verschwindenden Vektors $w_g \geq 0$ und bei einer hinreichenden Dichte der nichtverschwindenden Elemente in den Matrizen K_f, K_g und K_h alle drei Gleichungen (3.49), (3.50) und (3.51) befriedigen, erhält also ein vollständiges und eindeutig bestimmtes System der Warenwerte.

Um die Komplikationen, die in diesem Fall auftreten können, zunächst aus der theoretischen Betrachtung auszuschließen, haben wir oben vorausgesetzt, daß die Blöcke der Matrizen *Z* und *D* nicht zerlegbar sein sollen. Diese Voraussetzung ist etwas zu stark, aber für jenen Zweck offenbar hinreichend.

Damit ist gezeigt worden, daß für $s>0$ und bei Unzerlegbarkeit der Matrix K_g ein eindeutig bestimmbarer Wertevektor für das ökonomische System von *n* Ein-Produkt-Zweigen mit heterogenen Arbeitsarten existiert.

3.4. Die "Randbedingungen" der Werttheorie

Die eingangs getroffene Unterscheidung zwischen verschiedenen Teilen der empirischen Basis der Werttheorie sollte jetzt klarer werden: Es gibt eine Reihe von empirisch zu konstatierenden Bedingungen für die Existenz von Werten, durch die diese determiniert werden, ohne daß die AQT an ihnen geprüft werden könnte oder müßte. Welche Bedingungen sind das? Bis auf ganz wenige Ausnahmen

---

13 *Eindeutig* bis auf einen skalaren Faktor. - Die Multiplikation aller Warenwerte mit ein- und demselben (positiven) Faktor ist ökonomisch ohne Bedeutung.

14 Vgl. Gantmacher a.a.O. S.58.

nimmt man in der werttheoretischen Tradition an, daß Warenproduktion und Warenaustausch eine notwendige und hinreichende Bedingung für die Existenz von Werten darstellen. Wie soeben gezeigt, ist dies nur eine sehr allgemeine und diffuse Vorstellung. Sie läßt sich jetzt wie folgt ergänzen: Eine hinreichende Bedingung für die Existenz eines eindeutig bestimmbaren Systems von Warenwerten besteht darin, daß in allen Zweigen ein stoffliches Mehrprodukt hergestellt wird. Diese Bedingung impliziert, daß alle Zweige produktiv sind (daß also Gleichung 2.14 gilt), daß die betreffende Volkswirtschaft (Weltwirtschaft) in dem Sinne *effektiv* ist, daß der Produktionsmittelverbrauch ein bestimmtes Maß nicht übersteigt, sie impliziert weiterhin, daß die Arbeitskräfte und ihre Familien (und die Dienstleistenden) ausreichend versorgt werden und daß trotzdem noch ein Mehrprodukt 'übrigbleibt'. Ansonsten kann die Wirtschaft so mannigfaltig sein, wie man es sich nur vorstellen kann: verschiedene Arbeitszeiten in den einzelnen Zweigen, verschiedene Produktivitäten und Verbrauchszahlen, ein Bruttoprodukt in Struktur und Größe fast nach Gusto - kurz, eine bis auf die Bedingung (3.33) frei variierende gebrauchswertmäßig-stoffliche Struktur. Letztere bestimmt zwar die Wertestruktur, aber in äußerst komplexer Weise. Es kann zwar ausgeschlossen werden, daß zu ein- und derselben gebrauchswertmäßig-stofflichen Struktur zwei oder mehrere Wertevektoren gehören, aber umgekehrt ist nicht auszuschließen, daß derselbe Wertevektor zu zwei verschiedenen Systemen gehört.

3.5. KONSEQUENTE WERTTHEORETISCHE ANSÄTZE

In diesem Kapitel ist gedanklich der Übergang von der gebrauchswertmäßig-stofflichen zur wertmäßigen Struktur vollzogen worden. Der Wert konstituiert - ontologisch gesprochen - eine neue Sphäre, in die die 'vorhergehende' Seinsebene zwar 'hineinragt', aber lediglich eine untergeordnete Rolle spielt: Werte werden durch Werte determiniert, Gebrauchswerte sind nur Vermittlungsglieder in diesem Verhältnis. Das Sich-auf-sich-selbst-Beziehen erschien am Anfang des Kapitels als circulus vitiosus, konnte dann aber mit Hilfe der Matrixalgebra gelöst werden. Die umgeformte Grundgleichung der Werttheorie (3.32) drückt die Selbstdetermination der Werte mathematisch exakt aus:

$$w = \zeta w + \gamma \Pi^{-1} \chi w \ . \qquad (3.52)$$

Wie man sieht, stellt jeder Term in dieser Gleichung letztlich einen Wert dar.

Eine Bestimmungsgleichung für die Werte, die in dem eben erläuterten Sinn das Resultat eines vollständigen Übergangs zur Struktur der Werte ist, möchte ich im folgenden "konsequent" nennen. - Beispiele für inkonsequente werttheoretische Ansätze werden weiter unten gegeben.

4. UMRISSE EINER MEßTHEORIE DER AQT

Das bisher entwickelte Modell der Werttheorie ist ein Mix zwischen theoretisch konstruierten und empirisch (wenigstens im Prinzip) meßbaren Größen, wobei die letzteren die Besonderheit aufweisen, lediglich determinierend auf die Wertgrößen einzuwirken. In Anlehnung an die Wissenschaftstheorie des kritischen Rationalismus sind diese empirischen Größen als "Randbedingungen" bezeichnet worden - eine, wenn man es wörtlich nimmt, nicht ganz passende Bezeichnung, da die "naturalen" Größen so in die Wertestruktur einer Wirtschaft verwoben sind, daß man sie nicht gerade als "am Rande" stehend ansehen kann. Aus einer Theorie mit erfahrungswissenschaftlichem Anspruch sind aber auch Folgerungen (singuläre Sätze) abzuleiten, an denen sie empirisch geprüft werden kann. Die Ableitung solcher Sätze und ihre Konfrontation mit der historischen und der aktualen Realität ist oftmals eine schwierige Aufgabe, an der sich nicht nur die Anhänger einer Theorie abarbeiten.

In diesem Kapitel sollen prinzipielle meßtheoretische Überlegungen angestellt werden, die sich speziell an die Marxsche Werttheorie knüpfen. Dabei sind folgende zwei Aspekte zu unterscheiden:

(i) Für die AQT besteht die wohl wichtigste Frage in ihrer empirischen Überprüfbarkeit. Bedenkt man, daß die Arbeitswertlehre traditionell den theoretischen Hintergrund für fast alle anderen ökonomischen Erscheinungen abgeben sollte, so besteht der erste Schritt in Richtung Empirie darin, eben diese 'Erscheinungen' mit Hilfe werttheoretischer Argumente zu erklären. Unter den zu erklärenden Phänomenen gibt es sehr spezielle, wie die Konzentration des Kapitals, und es gibt mehr oder weniger 'universelle' wie die Tendenz der Profitrate oder das Tauschprinzip.

In der logischen Darstellung, die die Werttheorie bei Marx erhalten hat, fungiert sie zunächst als Erklärung des Tauschprinzips. Das Tauschprinzip ist das allgemeine Muster, nach dem sich der gesellschaftliche Stoffwechselprozeß in einer warenproduzierenden Gesellschaft vollzieht. Um dies zu erkennen, darf man es nicht zu eng verstehen, etwa im Sinne des direkten Tausches zweier Güter. Überall da, wo Güter oder Leistungen bewertet und nur unter der Bedingung hergegeben werden, daß die Chance besteht, etwa gleichwertige oder höherwertige Güter oder Leistungen zurückzuerhalten, herrscht das Tauschprinzip. In der modernen Gesellschaft drückt es sich dadurch aus, daß viele Güter einen Preis haben. Eine theoretische Funktion der Werttheorie besteht somit darin, die Preise zu erklären - wenigstens ihrer allgemeinen Struktur oder Tendenz nach. Genau das ist der Punkt, auf den sich der Streit in einer über 100 Jahre währenden Diskussion über die Widersprüchlichkeit der Marxschen Wertlehre konzentriert hat.

Bemerkenswerterweise ist selbst innerhalb der werttheoretischen Schule die

Werttheorie nicht die einzige Theorie zur Erklärung der Preise. Aus den historischen Ansätzen zur Erklärung der Preise bildete sich die Theorie des Produktionspreises heraus, die - statistisch gesehen - die sich mittel- und langfristig einstellenden Erwartungswerte der empirisch beobachtbaren Preise darstellt. Die Werttheorie ist demgegenüber eine Stufe 'fundamentaler' verankert, sie sollte - zumindest noch bei Marx - die Produktionspreise erklären, während die Produktionspreise die Schwankungszentren der empirischen Preise darstellen. Folgerichtig beschäftigte sich die oben genannte Diskussion vor allem mit dem Verhältnis zwischen Produktionspreis und Wert - d.h. mit dem sogenannten "Transformationsproblem". Die Behandlung dieses Problems setzt die Darstellung des Produktionspreises voraus; die folgenden beiden Kapitel, die zunächst dem Produktionspreis, dann dem Transformationsproblem gewidmet sind, können deshalb auch als (nachvollziehende) Schritte auf dem Wege zu einer empirischen Überprüfung der Werttheorie verstanden werden.
Was jetzt erörtert werden soll, ist der Zusammenhang zwischen Werten und den Preisen im allgemeinen, wobei Preise nicht speziell als Produktionspreise begriffen werden, sondern als empirische Erscheinungsweise der Werte, als Wertausdrücke. Genauer gesagt geht es um die Frage, wie sich das theoretische Objekt *Wert* in der ökonomischen Realität empirisch darstellt.
Der entsprechende Abschnitt im Marxschen "Kapital" enthält Marx' Wertformanalyse und ist von vielen als Musterbeispiel für die Anwendung der dialektischen Methode angesehen worden - ein Aspekt, der hier keine Rolle spielen wird. *Peter Ruben* sah in der Marxschen Wertformanlyse außerdem noch eine Meßtheorie, die die sich entwickelnde Darstellung von zunächst verborgenen Quantitäten und Qualitäten zu empirisch erfahr- und meßbaren Größen beinhaltet. An diesen Punkt möchte ich anknüpfen, da er für die Verifizier- oder Falsifizierbarkeit der AQT von zentraler Bedeutung ist.
(ii) Dabei geht es nun allerdings nicht mehr nur um die Aufgabe, die inhaltlichen Voraussetzungen für eine empirische Überprüfung der AQT durch Darstellung der Vermittlungsglieder zwischen dem Wert und dem Preis (man denke z.B. an den Produktionspreis) zu schaffen, sondern um das Problem einer adäquaten Meßtheorie für die AQT. Diese muß nach meiner Auffassung in erster Linie den modernen Anforderungen der Methoden der empirischen Sozialforschung genügen, und das umfaßt auch die allgemeinen Anforderungen, die an jede Meßtheorie gestellt sind: die Berücksichtigung der seit Aristoteles bekannten und berühmtberüchtigten *Störfaktoren*. Für eine Theorie, die verschiedene Seinsebenen (Wert > Produktionspreis > empirischer Preis) unterscheidet, könnte es außerdem angebracht sein, sich nach Methoden umzuschauen, die latente Faktoren in Zusammenhang mit beobachtbaren Indikatoren bringen. Eine Meßtheorie für die AQT muß schließlich nicht nur auf einer widerspruchsfreien (konsistenten) Darstellung der Werttheorie aufbauen, sondern auch widerspruchsfrei an sie angekoppelt

werden können. In diesem Zusammenhang erhält dann auch die Marxsche Wertformanalyse Bedeutung für die spezielle Meßtheorie der AQT: Mit Hilfe der letzteren muß es möglich sein, eine formal-logisch und mathematisch korrekte Darstellung der verschiedenen Wertausdrücke zu produzieren. - Dabei wären wir dann wieder bei dem inhaltlichen Problem des Übergangs von den Werten zu den Preisen - begriffen als Wertausdrücke.

Im folgenden sollen zunächst Probleme aufgegriffen werden, die zur Darstellung des Aspekts (ii), also der für die AQT adäquaten Meßtheorie gehören. Nachdem geklärt ist, wie die oben formulierten Anforderungen (die Möglichkeit, Fehler zu berücksichtigen, sowie indirekte Messungen durchzuführen) meßtheoretisch realisiert werden können, wird auf den engen Zusammenhang zur mathematischen Formulierung der AQT hingewiesen. Zum Abschluß erfolgt dann eine kurze Darstellung der verschiedenen Wertausdrücke, die - vom Standpunkt der Dialektik aus gesehen - genetisch zum Preis geführt haben sollen.

4.1. Die Struktur der Messung

Die Messung ist ein Prozeß, an dem mehrere 'Dinge' beteiligt sind: Mindestens ein Mensch (der Vermesser) tritt dem zu vermessenden Gegenstand (dem Meßobjekt) gegenüber, indem er mit Hilfe eines Meßmittels (das als 'Kern' einen Maßstab enthält) und einer mehr oder weniger explizit definierten Methode mit dem Meßobjekt eine bestimmte Art der Wechselwirkung eingeht. Spätestens seit Entdeckung der Heisenbergschen Unbestimmtheitsrelation in der Quantenphysik wissen wir, daß es keine Messung ohne Einwirkung auf das Objekt gibt. Die Wechselwirkung hat hier das Ziel, aus den unendlich vielen Zusammenhängen, in die die Dinge eingebunden sind, ein bestimmtes Merkmal hervorzuheben, und zwar sowohl beim zu vermessenden Gegenstand als auch bei dem Objekt, das als Meßmittel dient. Die Messung selbst ist dann ein spezieller Vergleich zwischen der Ausprägung eines Merkmals (Größe) am Meßobjekt und jener Ausprägung, mit der das artgleiche Merkmal am Meßmittel fixiert worden ist. Die Frage ist: wie oft ist diese fixierte Ausprägung in der des zu vermessenden Gegenstands enthalten? Die Messung setzt somit u.a. die Fähigkeit des Zählens voraus.[1] Sie realisiert außerdem eine Abstraktion, insofern von allen anderen Merkmalen des zu vermessenden Gegenstands und auch des Meßmittels abgesehen wird: Das

[1] Zwischen den Voraussetzungen einer Messung und denen einer Meßtheorie sollte man genau unterscheiden. Es ist durchaus anzunehmen, daß sich mathematische Fähigkeiten der Menschheit erst mit der historischen Genese von Meßprozessen in der Gesellschaft herausgebildet haben. Dies bedeutet aber nicht, daß die Darstellung einer Meßtheorie ohne die Mathematik auszukommen habe. Sie muß aber zwischen protomathematischen und mathematischen Ausdrücken unterscheiden, wenn jener entwicklungsgeschichtliche Aspekt akzeptiert wird.

Urmeter zum Beispiel ist innerhalb des Meßprozesses nur noch der Repräsentant einer bestimmten Länge, von seinen anderen (konkreten und abstrakten) Eigenschaften wie Masse, Temperatur, Farbe usw. wird dabei abgesehen.
Realistischerweise wird hier unterstellt, daß das zu messende Merkmal schon vor der Messung und unabhängig von ihr eine bestimmte Ausprägung hatte, die durch den ganzen Vorgang lediglich festgestellt, aber möglichst nicht verändert oder gar erst hergestellt wird: Größen werden durch Messungen nicht geschaffen, sondern ermittelt. Durch die Messung wird aus einer unbekannten (oder unbestimmten) Größe eine bekannte (oder bestimmte) Größe, die ihren geistigen Ausdruck in einem *Meßurteil* finden kann: "Diese Menge Äpfel umfaßt 500 Stück" oder "Die Brücke hat eine Höhe von 4 Metern".
Die aus der Sicht der Mathematik wesentliche Struktur einer gemessenen Größe ist:

$$g_i = \gamma \cdot g_0 \,. \tag{4.1}$$

Wir begegneten dem Ausdruck (4.1) bereits an mindestens zwei anderen Stellen dieses Buches: Bei der Einführung des mathematischen Apparats für die Gebrauchswerte (Güter) wurde explizit auf die Struktur der entsprechenden Größen hingewiesen (siehe Gl. 2.1!). Eine analoge Gleichung kann auch für das ökonomische Objekt *Wert* angegeben werden:

$$W_i = \omega_i \cdot W_0 \,. \tag{4.2}$$

Gleichung (2.1) und Gleichung (4.2) haben unter meßtheoretischem Gesichtspunkt betrachtet die gleiche Struktur, obwohl es sich um inhaltlich unterschiedliche Größen in einem unterschiedlichen Kontext handelt. Um von diesem Inhalt zu abstrahieren, analysieren wir die meßtheoretisch relevante Struktur anhand des 'neutralen' Ausdruckes (4.1), der zunächst ebenfalls wie eine ganz normale Gleichung aussieht. Dieser Ausdruck enthält ein im engeren Sinne mathematisches Objekt γ, d.h. eine natürliche, rationale oder reele Zahl, das Zeichen g_0 als 'Stellvertreter' für die fixierte Größe des Meßmittels (genauer gesagt: für den Maßstab), g_i steht für die gemessene Größe (die ermittelte Ausprägung des Merkmals am zu vermessenden Gegenstand) und schließlich ist das Produkt $\gamma \cdot g_0$ Ausdruck für das Resultat der Messung, d.h. des Vergleichs zwischen Meßobjekt und Meßmittel unter Leitung der Frage: wie oft ist die fixierte Größe des Maßstabes in der zu messenden Größe enthalten?
In der Literatur findet man eine hiervon etwas abweichende Interpretation des Meßausdruckes. Für *Peter Ruben* ist (4.1) ein *protomathematischer* Ausdruck, genauer gesagt: ein Meßurteil, das ein Subjekt und eine Objekt enthält. "Das

Satzsubjekt g_i ist Zeichen der gemessenen Größe, die irgendein objektiv-realer Gegenstand darstellt; das Satzobjekt $\gamma \cdot g_0$ ist Zeichen des Meßmittels..."[2] Diese Interpretation ist inkonsequent: Wenn (4.1) keine *mathematische* Gleichung ist, dann kann g_i auch kein Zeichen für die *gemessene Größe* sein: wäre es dies, dann stünden sich im Meßurteil zwei Größen gegenüber, die durch die mathematische Relation der Gleichheit verbunden sind. Nur dann ist g_i "Zeichen der gemessenen Größe", wenn der Ausdruck (4.1) den Status einer mathematischen Gleichung hat. Desweiteren muß kritisch angemerkt werden, daß g_i qualitativ sicherlich dem zu vermessenden Gegenstand zuzuordnen ist, aber nicht dem ganzen Gegenstand, sondern lediglich einer bestimmten Eigenschaft des Meßobjekts, nämlich seiner zu vermessenden Quantität. Ganz falsch ist in diesem Zusammenhang die Behauptung, daß "das Satzobjekt $\gamma \cdot g_0$ ... Zeichen des Meßmittels" ist, denn g_0 ist das Zeichen für das Meßmittel, und das Produkt $\gamma \cdot g_0$ steht für das Resultat der Messung.

Interessant ist, daß ein Philosoph, der unter persönlichen Opfern sein Leben damit verbracht hat, die Kraft des Verstandes (ausgedrückt in der Mathematik und der Logik) mit der Geschmeidigkeit der Dialektik (ausgedrückt in der Hegelschen Logik und der Marxschen Wertformanalyse) zu versöhnen, Schwierigkeiten hat, die verschiedenen Momente eines Prozesses wie Resultat und Mittel oder Resultat und Gegenstand auseinanderzuhalten. Im Zusammenhang mit meßtheoretischen Überlegungen zeigt sich diese Schwäche noch einmal bei der Interpretation eines anderen Aspekts des Meßausdruckes: "Der Name g_i bezeichnet denselben Gegenstand, dasselbe Objekt wie der Name $\gamma \cdot g_0$ ..."[3] Die Behauptung der Identität des Meßobjekt g_i und des Meßresultats $\gamma \cdot g_0$ gilt allerdings nur auf dem Standpunkt der bereits realisierten Abstraktion: das Resultat der Messung und das Gemessene haben dieselbe Größe. Realiter handelt es sich aber um *zwei* Größen, nämlich auf der einen Seite um die Ausprägung des Merkmals beim Meßgegenstand und auf der anderen um die Produktion desselben Merkmals im Prozeß des Vergleichens, insgesamt betrachtet also um zwei unter einem bestimmten Gesichtspunkt zur Übereinstimmung gebrachte Objekte. An anderer Stelle heißt es bei *Ruben* in diesem Zusammenhang richtig, daß auf der einen Seite ein "objektiv gegebener", auf der anderen Seite ein "subjektiv konstruierter" Gegenstand steht. Dabei geht es hier nicht nur um die bereits erwähnte Abstraktion von den sonstigen Eigenschaften des zu vermessenden Gegenstands und des Meßmittels, sondern um die Abstraktion, die durch die Identifikation der gemessenen Größe mit der durch das Meßmittel konstruierten Größe zustandekommt. In dem Ausdruck $g_i = \gamma \cdot g_0$ werden beide Größen - protomathematisch ausge-

[2] P. Ruben: Philosophie und Mathematik. Leipzig 1979. S.94

[3] Ebd.

drückt - *gleichgesetzt* und dabei in gewisser Hinsicht zur Deckung gebracht. Die Betonung liegt hier auf dem *Gleich-Setzen* verschiedener Dinge. Besteht man auf der protomathematischen Deutung des Ausdruckes (4.1), dann *muß* man geradezu beide Seiten der 'Gleichung' auseinanderhalten. Unter dieser Bedingung müßte die *Identität* beider Seiten auf andere Weise ausgedrückt werden. Es bietet sich an, die Beziehung

$$[g_i] \equiv [\gamma \cdot g_0] \qquad (4.3)$$

dafür zu verwenden, wobei die eckigen Klammern den Übergang zu den Werten (Größen) bezeichnen. Die Beziehung (4.3) drückt die Identität zwischen den beiden gleichgesetzten Seiten aus, eine Identität, die nach Abstraktion vom Unterschied zwischen dem objektiv gegebenen, zu vermessenden Gegenstand und dem subjektiv mit Hilfe des Meßmittels konstruierten Meßresultat durch den Vermesser zustande kommt. Für Ruben ist (4.3) eine Implikation der protomathematisch interpretierten Gleichung (4.1).
Nach dieser vielleicht spitzfindig anmutenden Kritik an einer inzwischen fast vergessenen Meßtheorie ist es nun möglich, sich dem ersten Hauptpunkt zuzuwenden, den jede realistische Meßtheorie berücksichtigen muß, der fehlerbehafteten Natur *jeder* Messung nämlich. Obwohl es sich bei (4.3) um einen logisch und mathematisch korrekten Ausdruck handelt, der hier genau das leistet, wofür wir ihn benutzen wollen, nämlich eine Identität auszudrücken, kann er niemals das sein, wofür ihn *Peter Ruben* hält: Ausdruck des Resultats einer Messung. Der Grund ist so simpel wie überzeugend: Kein vernünftiger und erfahrener Vermesser wird jemals behaupten, daß der Wert $[\gamma \cdot g_0]$, den er als Resultat seiner Messung erhalten hat, identisch ist mit dem Wert der am objektiv-realen Gegenstand gemessenen Größe $[g_i]$. Vielmehr weiß er ganz genau, daß es zwischen beiden immer Abweichungen gibt, die durch Toleranzgrenzen berücksichtigt werden müssen. Daraus folgt, daß die von *Ruben* notierte Implikation[4]

$$g_i = \gamma \cdot g_0 \Rightarrow [g_i] \equiv [\gamma \cdot g_0] \qquad (4.4)$$

in der von ihm gegebenen Interpretation keine Beschreibung ist, die die Natur der Messung adäquat erfaßt, selbst dann nicht, wenn man die bisher gerügten Fehlinterpretationen richtigstellt.
Diese Kritik hat weitgehende Konsequenzen für die anzunehmende Struktur des Meßausdruckes, die allerdings unterschiedlich radikal formuliert werden können. Ich nenne hier zwei plausible Alternativen für die Ausgestaltung einer allgemei-

4 Vgl. ebd. S.95.

nen (philosophischen) Meßtheorie, bevor die von mir favorisierte Variante vorgestellt werden soll.
(i) Man könnte sich einfach auf den Standpunkt stellen, daß das Resultat der Messung durch $\gamma \cdot g_0$ nur unvollständig erfaßt worden ist, d.h. es fehlt einfach die Darstellung der Toleranzgrenzen. - Das ist wohl die schwächste Kritik, die man anbringen kann, die aber absolut notwendig ist, um den Realitäten des Meßprozesses Rechnung zu tragen. 'Schwach' ist sie aber nicht nur, weil die *Ruben*sche Darstellung damit lediglich als *ergänzungsbedürftig* angesehen wird, sondern vor allem, weil unklar bleibt, welche prinzipiellen Konsequenzen aus der fehlerbehafteten Natur des Meßprozesses für die Meßtheorie zu ziehen sind.
(ii) Man könnte argumentieren, daß jede Messung ungenau ist, streng genommen also nur

$$g_i \approx \gamma \cdot g_0 \tag{4.5}$$

behauptet werden kann. - Dies wäre dann eine radikale Kritik, die jene Formulierungen des Meßurteils (4.1) und die Implikation (4.4) ganz verwirft. Philosophisch bedeutet sie, einen skeptizistischen Standpunkt einzunehmen, nach dem Motto: Wer weiß, ob wir jemals etwas Genaues wissen können!
(iii) Ich plädiere dafür, die *Ruben*sche Formulierung des Meßurteils bzw. des Meßausdruckes radikal umzuinterpretieren. Mit der Richtigstellung seiner Interpretation einzelner Momente ist es jedoch nicht getan. Soll die Gleichung (4.1) und außerdem die Implikation (4.4) weiterhin gelten, muß das Resultat der Messung $[\gamma \cdot g_0]$ tatsächlich identisch mit der Größe sein, die durch $[g_i]$ bezeichnet wird. Letzteres kann wegen der stets existenten Meßungenauigkeit aber niemals die Größe sein, wie sie am zu vermessenden Gegenstand existiert; es handelt sich vielmehr um diese objektiv-reale Größe, *wie sie unter den Bedingungen der Messung erscheint*. Wollen wir $[g_i]$ nach wie vor als "gemessene Größe" bezeichnen, so müssen wir das wörtlich nehmen: es ist die Größe, die wir gemessen haben; und wir müssen sie gleichzeitig von der tatsächlichen Größe des zu vermessenden Gegenstands unterscheiden.
Ist der Unterschied zwischen gemessener und tatsächlicher Größe nur eine weitere philosophische Spitzfindigkeit? Ich glaube nicht. Jeder Physiker wiederholt die Messung einer Größe nach Möglichkeit mehrmals, weil er weiß, daß die gemessene Größe selbst bei noch so genauer Messung immer mehr oder weniger von der tatsächlichen Größe abweicht. Auf diesem Unterschied beruht dann auch die mathematische Fehlerrechnung, die dabei helfen soll, sich dem tatsächlichen Wert (in diesem Kontext auch als der "wahre Wert" bezeichnet) anzunähern (*Gauß*sches Fehlerverteilungsgesetz). Schließlich haben wir es in den Sozialwissenschaften in der Regel mit Indikatoren (das heißt gemessenen oder beobachte-

ten Größen) zu tun, mit deren Hilfe wir die tatsächlichen Größen zu ermitteln suchen, die als die zugrunde liegenden "Faktoren" bezeichnet werden und Gegenstand der Theorie sind.

Nachdem mit diesen Hinweisen die obige Unterscheidung vorläufig gerechtfertigt worden ist, sollte sie nun konsequent in Richtung einer realistischen Meßtheorie ausgebaut werden, deren Spezifik darin besteht, nicht nur die fehlerbehaftete Natur jeder Messung, sondern auch den Unterschied zwischen der gemessenen und der tatsächlichen Größe zu berücksichtigen. Zuvor soll aber noch die manchen vielleicht irritierende Unterscheidung zwischen mathematischer und protomathematischer Interpretation des Meßausdruckes geklärt werden.

Bis zu diesem Punkt ist stets vorausgesetzt worden, daß bekannt ist, was ein Gleichheitszeichen = und das Zeichen für die Identität ≡ bedeuten. Die üblicherweise zu unterstellende mathematische und logische Interpretation dieser Zeichen könnte sich vom Standpunkt einer meßtheoretischen Erörterung als zu grobschlächtig erweisen. Dies erkennt man anhand der Implikation (4.4), deren meßtheoretischer Sinn darin besteht, vom Meßausdruck zu mathematisch formulierbaren Größen überzugehen. Setzt man jedoch die Gültigkeit der Mathematik voraus, so bedeuten die eckigen Klammern schlichtweg gar nichts, und die linke Seite drückt bereits die Identität zweier Größen aus. Der linke Ausdruck hat nur dann einen Sinn, wenn es sich um einen *protomathematischen* und gegebenenfalls auch *protologischen* Ausdruck handelt.

Vom Standpunkt einer konsequent protomathematischen Interpretation des Ausdruckes (4.1) können die oben explizierten Bedeutungen der Zeichen g_i, γ und g_0 beibehalten werden, wenn man darauf verzichtet, daß g_i und g_0 mathematische Größen und = die mathematische Gleichheit bezeichnen. Die Frage stellt sich, wofür diese Symbole dann stehen. Im folgenden spiele ich zwei Interpretationen durch, die ihre je eigentümliche Schwierigkeit haben.

(i) Das Zeichen = bedeutet im protomathematischen Ausdruck das Gleichsetzen zweier Objekte. Man kann aber die beiden 'Objekte' g_i und γg_0 nur in bestimmter Hinsicht gleichsetzen. g_i symbolisiert zwar das zu vermessende Objekt, aber nur hinsichtlich der zu vermessenden Eigenschaft, die - wenn sie schon keine Größe sein darf - doch wenigstens eine bestimmte Quantität sein muß, also etwas, was die Mathematik dann als Größe bezeichnet und als solche erfaßt. (Zugegebenermaßen ist die Unterscheidung zwischen Größen und Quantitäten - die Ruben als Maße bezeichnet - etwas gewaltsam, ich möchte aber sehen, wie weit man damit kommt.) Ähnlich muß dann das Zeichen g_0 interpretiert werden: Es ist nicht einfach nur das Symbol für das Meßmittel oder den Maßstab, sondern für eine wohlfixierte quantitative Eigenschaft an diesem Gegenstand. Problematisch wird nun die Interpretation des Meßresultats γg_0. Es handelt sich um ein konstruiertes Objekt, das per Konstruktion mit der bestimmten Quantität des zu vermessenden Objekts gleichgesetzt wird und so von vornherein nichts anderes als eine bestimmte Quantität ist. Genauer gesagt handelt es sich um das Vielfache einer anderen Quantität (der des Maßstabes); damit weist das Zeichen für das Meßresultat exakt diejenigen Merkmale auf, mit denen man mathematische Größen definiert. M.E. bricht an dieser Stelle die Variante (i) der protomathematischen Interpretation des Ausdruckes (4.1) zusammen: Es gibt keinen Unterschied zwischen dem Meßresultat und dem, was man üblicherweise in der Mathematik als Größe bezeichnet. Damit gibt es auch keinen Grund mehr, den etwas gewaltsamen Unterschied zwischen mathematischen Größen und Quantitäten weiter aufrecht zu erhalten.

(ii) Vielleicht war die obige Interpretation nicht konsequent genug, vielleicht sollte man ganz von der quantitativen Natur einiger Momente des Meßprozesses abstrahieren. Es bezeichne g_i das zu vermessende Objekt und g_0 den dabei verwendeten Maßstab. Das Zeichen = symbolisiere jetzt den Akt des Gleichsetzens dieser Objekte in bestimmter Hinsicht, was nur möglich ist, wenn gleichzeitig eine bestimmte Zahl γ produziert wird, die den mathematischen Teil des Meßresultats erfaßt. Wir akzeptieren weiterhin die Klammern in (4.4) als Operator für den Übergang zu den mathematischen Größen. Der Ausdruck $g_i = \gamma \cdot g_0$ heißt jetzt, daß durch γ-malige Wiederholung von g_0 unter einem bestimmten Gesichtspunkt etwas konstruiert wird, das mit g_i übereinstimmt. Der jeweils relevante Gesichtspunkt wird dabei durch die Größenart (Länge, Dauer, Temperatur, etc.) konstituiert. Um der Verwechslung mit einer gewöhnlichen, mathematischen Gleichung zu entgehen, wäre es zweckmäßig, das Gleichheitszeichen wie folgt mit einem G (für Gleichheit unter einem bestimmten Gesichtspunkt) zu versehen:

$$g_i \overset{G}{=} \gamma \cdot g_0 \,. \tag{4.6}$$

Wenn dieser Ausdruck 'der Fall ist', dann ist klar, daß wir nach Übergang zur Betrachtung der Größen, die g_i und g_0 an sich haben,

$$[g_i] \equiv [\gamma \cdot g_0] \tag{4.7}$$

schreiben dürfen, d.h. es gilt (4.4).

Diese Interpretation hat allerdings einen Schönheitsfehler: das Resultat der Messung kommt als mathematische Größe bereits im protomathematischen Ausdruck (4.1) bzw. (4.6) in Gestalt der Zahl γ vor. Man müßte sich also entschließen, Zahlen als protomathematische Objekte anzusehen - was mir einfach absurd erscheint. Bleibt festzuhalten: der protomathematisch interpretierte Ausdruck (4.1) enthält mindestens eine mathematische Größe und ist nur unter dieser Bedingung sinnvoll. Nachdem man den Übergang zu den Größen gemäß der Implikation (4.4) vollzogen hat, darf man den meßtheoretischen Hokuspokus wieder vergessen und statt $[g_i]$ einfach wieder g_i schreiben, wobei g_i jetzt als eine gewöhnliche, dimensionsbehaftete mathematische Größe zu verstehen ist; in diesem Sinne ist dann auch g_0 nichts anderes als eine gewöhnliche, dimensionsbehaftete mathematische Konstante, die das in bestimmter Hinsicht fixierte Meßmittel repräsentiert, und die natürliche oder rationale Zahl γ wird gegebenenfalls verfeinert zur reellen Zahl. Nach Beseitigung der protomathematischen Symbole und ihrer teilweise gewaltsamen Deutungen stellt der Ausdruck (4.1) dann nichts anderes als eine gewöhnliche mathematische Gleichung dar, die die Struktur der Messung reflektiert.

Als unnützen und künstlichen "Hokuspokus" betrachte ich außerdem die von *Ruben* verwendete "Dimension von [**1**]".[5] Zur Kritik dieses in der Meßtheorie völlig überflüssigen Begriffes könnte man einfach feststellen: Zahlen haben keine Dimension, sondern entstehen gerade durch Abstraktion von der je speziellen Dimension dimensionsbehafteter (empirischer) Größen. *Ruben* beruft sich in diesem Zusammenhang auf den Dresdner Physiker *Walter Reichardt*, der empfiehlt, solche Größen, deren Dimensionsprodukt nur Basisgrößen oder abgeleitete Größen in der Potenz Null enthalten, nicht einfach "dimensionslose Größen" zu nennen, sondern "Größen der Dimension 1".[6] Abgesehen davon, daß sich ein solcher Sprachgebrauch in der Physik niemals eingebürgert hat, würde er bei Anwendung auf das Meßurteil auch nicht das erbringen, was *Ruben* sich davon erhofft. Reichardt unterscheidet zwischen Verhältnisgrößen und einem Größenverhältnis: "Verhältnisgrößen entstehen, wenn mit dem Verhältnis zweier Größen gleicher Dimension und gleicher oder verschiedener Größenart oder verschiedenen Sachbezugs eine neue Qualität ausgedrückt wird. Bildet das Verhältnis lediglich das Vielfache der Nennergröße, so handelt es sich nur um ein Größenverhältnis, nicht um eine Verhältnisgröße."[7] Beispiel für eine Verhältnisgröße der Dimension 1 ist ωt (Winkelfrequenz mal Zeit), aber gerade nicht das Meßurteil in der Form $g_i/g_0 = \gamma$, da γ hier offenbar "lediglich das Vielfache der Nennergröße" zum Ausdruck bringt. Der ebenfalls von *Ruben* bemühte Physiker *Oberdorfer* charakterisiert Gleichungen der Form $\frac{G}{[G]}$ als "Zahlenwertgleichungen", deren "Quotienten die Zahlenwerte der betreffenden Größen ergeben."[8] Das stimmt mit

---

[5] Vgl. P. Ruben: Vom Problem der ökonomischen Messung und seiner möglichen Lösung. In: Quaas, F. / Quaas, G.: Elemente zur Kritik der Werttheorie. Frankfurt a.M. 1997. S.55.

[6] W. Reichardt: Gleichungen in Naturwissenschaft und Technik. Größen und Einheiten richtig angewandt. Leipzig 1983. S. 23.

[7] Ebd. S. 31.

[8] G. Oberdorfer: Das internationale Maßsystem und die Kritik seines Aufbaus. Leipzig 1969.

der hier vertretenen Auffassung überein, daß das γ selbst im protomathematisch interpretierten Meßurteil eine Zahl ist - und dies nicht erst durch die Multiplikation mit der mysteriösen "Dimension von [1]" wird.
Um aber durch bloße Berufung auf die von ihm selbst benannten Autoritäten dem meßtheoretischen Problem nicht einfach auszuweichen, dessen Lösung sich Ruben vermutlich durch jene Begriffsbildung verspricht, muß ich etwas ausführlicher argumentieren. 1979 wird das Meßurteil von *Ruben* protomathematisch interpretiert, um dann mit Hilfe seiner Abstraktionstheorie den Übergang von der Messung zur Mathematik demonstrieren zu können. Mancher hat es schon damals als störend empfinden, wenn im protomathematischen Meßurteil bereits eine Zahl (γ) auftritt. Dieser Schönheitsfehler ist in der 1997er Version der Darstellung des Meßurteils beseitigt worden: "Ist m_i das zu messende *Maß* eines isolierten Meßobjekts und $[m]$ das entsprechende *Einheitsmaß*, so wird das Ergebnis der Messung durch die Gleichung $m_i = \{m_i\} \cdot [m]$ angegeben, worin $\{m_i\}$ die *Größe* oder *bestimmte Quantität* des gemessenen Maßes ist."[9] Anstelle einer Zahl haben wir jetzt die "Maßgröße" $\{m_i\} = m_i : [m]$, die "durch das Verhältnis des zu messenden Maßes zur Maßeinheit bestimmt" ist.[10] Am Beispiel der physikalischen Definition der Geschwindigkeit macht Ruben dann klar, daß man solche Verhältnisse nicht einfach mit der mathematischen Operation der Division verwechseln darf.[11] Damit bleibt er konsequent bei einer protomathematischen Interpretation des Meßurteils, hat es aber nun mit dem Problem zu tun, daß das Verhältnis $m_i : [m]$ gerade nicht wie die physikalische Geschwindigkeit strukturiert ist, sondern als Verhältnis zweier Größen derselben Art das Kürzen der Maßeinheit (eine spezielle Division!) zuläßt und dann nichts als eine Zahl übrig bleibt.
Dieser Rückfall in die 1979er Version kann jetzt nur dadurch verhindert werden, daß man die Division unterbindet und für das Verhältnis gleichartiger Maße eine neue "Dimension" einführt, nämlich die "Einsdimension: $[1] = m_{1i} : m_{2i}$". Mit ihrer Hilfe soll dann demonstriert werden, wie aus der Maßgröße $\{m_i\}$ eine richtige Zahl wird, nämlich durch Multiplikation mit der Einsdimension: $\{m_i\} \cdot [1] = \{m_i\} \cdot 1$. Stolz wird dann verkündet: "Der Term rechts des Gleichheitszeichens bedeutet nun gewiß eine Zahl."[12]
Doch dieser "Beweis" ist überflüssig, da $\{m_i\}$ als Bestandteil des Meßurteils, genauer gesagt: als Resultat des Vergleichs zwischen Meßobjekt und Maßstab entweder eine Zahl ist oder gar nichts bedeutet. Der *Ruben*sche Beweis ist

S. 21.
9 Vgl. P. Ruben: Vom Problem der ökonomischen Messung und seiner möglichen Lösung. A.a.O. S.53.
10 Ebd.
11 Vgl. ebd. S.54.
12 Ebd. S.55.

außerdem formal inkorrekt: Wie wird aus dem Ausdruck "$m_i:[m]=\{m_i\}$ der Ausdruck $(\{m_i\}:1)\cdot[1]=\{m_i\}$ bzw. $\{m_i\}\cdot[\mathbf{1}]=\{m_i\}\cdot 1$"?[13] Die Umformungen leuchten doch nur ein, weil sie gewissen Regeln der niederen Mathematik gehorchen. In Wahrheit sind nirgends Operationen wie die Division durch 1, des Klammersetzens und Weglassens etc. definiert worden. Und die einzige Operation, die von Ruben definiert wurde, führt auf ein ganz anderes Ergebnis: m_i und $[m]$ sind Maße derselben Art. Für sie gilt nach *Ruben* $[1]=m_{1i}:m_{2i}$. Daraus folgt: $[1]=m_i:[m]$. Nicht mehr, aber auch nicht weniger. Die *Ruben*sche Einführung eines Maßverhältnisses unter Ausschluß der Division ist damit gleich doppelt verunglückt: Konsequent angewandt ordnet sie jeder Messung den Wert "1" zu, weil sich die Maßeinheiten wegkürzen. Und auch die physikalische Geschwindigkeit ist nicht so beschaffen, wie sie sich *Ruben* vorstellt: die eine Maßzahl darf durch die andere durchaus dividiert werden!

Ohne weiter ins Detail der philosophischen Interpretation der Meßtheorie Peter Rubens gehen zu können, lassen doch die bisher erhobenen Einwände einige Zweifel an der Rekonstruktion der Genese mathematischen Denkens aufkommen. Zu diesem Punkt möchte ich hier nur kurz andeuten, worin ich die Lösung des Problems einer protomathematischen Beziehung, die Zahlen oder gar Größen enthält, sehe.

Die Lösung liegt in dem, was man unter der 'Mathematik' oder unter 'mathematischen Denken' versteht. Es ist sicherlich nicht zu leugnen, daß die Mathematik etwas mit Zahlen und mit den darauf angewandten Operationen, d.h. dem Rechnen, zu tun hat. Andererseits ist es aber falsch, sie völlig damit zu identifizieren. Das Produzieren von Zahlen und das Umgehen mit ihnen ist eine Fähigkeit, die auch Nicht-Mathematiker perfekt beherrschen, ja vielleicht sogar besser als jene. Historisch gesehen muß man sicher einen weiten Bereich des Umgangs mit Zahlen einräumen, der der Herausbildung mathematischen Denkens zugrunde lag. Um es kurz zu machen: Die Mathematik beginnt nach meiner Auffassung keineswegs da, wo Zahlen produziert oder verwendet werden. Erst wenn Zahlen und ihre Beziehungen zueinander als solche zum Gegenstand gemacht werden, beginnt das mathematische Denken. Die Existenz einer protomathematischen Gleichung, die eine Zahl enthält, und mit deren Hilfe wir dimensionsbehaftete Größen produzieren, ist also nichts, was uns meßtheoretisch beunruhigen sollte.

In den messenden und rechnenden Wissenschaften gibt es dimensionsbehaftete Größen und dimensionslose Größen: die Lichtgeschwindigkeit hat zum Beispiel die Dimension Meter pro Sekunde, dagegen werden Wahrscheinlichkeiten, wie sie sich beispielsweise aus der Wellenfunktion in der Quantenmechanik ergeben,

---

13 Vgl. ebd.

als dimensionslose Größen behandelt. Beides ist möglich und üblich.
Hinsichtlich dieser bestehenden Praxis sehe ich keinen Sinn darin, vom üblichen Sprachgebrauch abzuweichen und nur dimensionslose Größen als *Größen* zu bezeichnen, während dimensionsbehaftete Größen den Namen *Maße* tragen sollen.[14] Dies geben weder die Texte *Hegels* her, noch läßt es sich mit den Genauigkeitsansprüchen der Meßtheorie begründen.
Wenn eine bestimmte Menge Wärmeenergie Eis in flüssiges Wasser verwandelt, dann handelt es sich bei dieser Menge im Sinne *Hegels* um ein (von der Stoffmenge abhängiges) Maßverhältnis, es ist eine bestimmte Quantität, die zu einem Qualitätsumschlag führt.[15] Aber es ist genauso richtig, mit den empirischen Wissenschaften jene Wärmemenge als eine bestimmte Größe oder als ein Größenverhältnis zu bezeichnen, ohne daß uns etwas an Tiefe oder Exaktheit verlorengeht.
Schließlich behauptet *Ruben*, daß sich die beiden Ausdrücke "5 Rinder" und "5 Meter" dadurch unterscheiden, das ersterer Resultat des Zählens, letzterer Resultat einer Messung ist. Auch hier erkennt man die Absicht, das protomathematische Meßurteil von der Zahl als Resultat des Zählens abzugrenzen.
Die Argumentation, die diesen Unterschied begründen soll, stützt sich darauf, "daß die Maß*einheit*, die wir 'das Meter' nennen, als dinglicher oder gegenständlicher Vertreter des Einheits*maßes* der Länge verwendet wird. Die Länge ist aber [wohl im Unterschied zum Rind] kein zählbares Ding..."[16]
An diesem Satz ist nur richtig, daß die Länge kein Ding ist: sie ist die Eigenschaft eines Dinges, nämlich des von Ruben unterstellten Urmeters. Suggeriert wird aber, daß man diese Länge nicht zählen kann. Zählen ist aber nichts anderes als die Zuordnung von Zahlen (oder Ziffern - was hier gleich ist). Dem Pariser Urmeter wird klarerweise die Eins zugeordnet. Könnte man dies nicht, so wäre es als Urmeter völlig ungeeignet.
Die Länge des Urmeters ist demnach in dem gleichen Sinn zählbar wie das Rind. Daß es sich in dem einen Fall um die Eigenschaft eines Dinges, in dem anderen um ein Ding und wieder in einem anderen Fall um einen Prozeß handelt, zeigt nur, daß all diese Objekte *zählbar* sind. Und Zählen heißt Messen - auch wenn es sich um sehr primitive Formen der Messung wie das Zählen einer Rinderherde handeln sollte. Viel komplizierter sind die Messungen in den Sozialwissenschaften im allgemeinen und in der Ökonomie im besonderen übrigens auch nicht.
Mit den letzten Bemerkungen über die Vereinfachung der Notation wird das Leben mit der *Ruben*schen Meßtheorie erheblich erleichtert. Nachdem die Interpretation der Momente des Meßausdruckes richtiggestellt, sein Status als gewöhnli-

---

[14] Vgl. ebd. S.55 f.

[15] G.W.F.Hegel: Wissenschaft der Logik. 1. Teil. Hg. v. G. Lasson. Berlin 1975. S.380, 383.

[16] P. Ruben: Vom Problem der ökonomischen Messung und seiner möglichen Lösung. A.a.O. S.56.

che mathematische Gleichung gesichert und manch' künstlicher Formelkram beseitigt worden ist, möchte ich nicht versäumen, das Richtige aufzugreifen, zu dessen Erkenntnis uns jener Autor vor Jahren verholfen hat. Da ist zum Beispiel die Kritik an der manchmal anzutreffenden "Messung des [ökonomischen] Werts durch die Arbeitszeit",[17] die unterstützt werden muß, weil es sich in der Tat um Größen unterschiedlicher Dimension handelt. Verwendete man in der mathematischen Ökonomie, wo dies angebracht ist, durchweg dimensionsbehaftete Größen, so erledigt sich dieses spezielle Problem von selbst. Das trifft dann aber auch auf das allgemeinere Problem zu, die "Verhältnisbildung zwischen Maßen verschiedener Qualität" (wie sie bei der Definition der Geschwindigkeit als Weg durch Zeit vorliegt) mit der mathematischen Operation der Division zu verwechseln.

4.2. Die Messung latenter Faktoren

Oben wurde versprochen, die bisherige Darstellung der Meßtheorie durch Überlegungen zu ergänzen, wie der Zusammenhang zwischen gemessenen und tatsächlichen Größen erfaßt werden kann. Im Grund könnte man hier die ganze Fehlerrechnung in die Meßtheorie einbauen. Ich möchte stattdessen ganz kurz ein Meßmodell skizzieren, das für den Sozialwissenschaftler und auch für den Ökonomen wohl interessanter als die Fehlerrechnung ist: Es beantwortet die paradox anmutende Frage, ob man nicht-beobachtbare Faktoren messen kann. Ja, man kann, und zwar so: Sei x_i die dimensionsbehaftete Größe für den Indikator i der unbeobachtbaren Variable ξ, auch Faktor genannt. Zwischen Faktor und einem beliebigen Indikator besteht ein Ursache-Wirkungs-Zusammenhang derart, daß der Faktor den Indikator beeinflußt. Und da es vom Standpunkt einer realistischen Meßtheorie darauf ankommt, auch den Einfluß von Störungen zu berücksichtigen, führen wir in das Modell den Störterm δ ein:

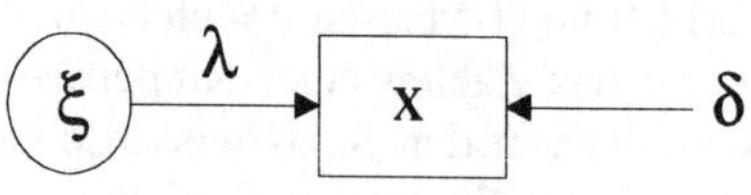

Abb.4: Meßmodell mit einem Indikator

Bei einigen vereinfachenden Annahmen, für die ich hier auf die einschlägige Literatur verweise,[18] kann man für jene kausalen Zusammenhänge die lineare Glei-

[17] Ebd. S.53.

[18] Vgl. W. Saris / H. Stronkhorst: Causal Modelling in Nonexperimental Research. Amsterdam 1984. Kapitel 1-4.

chung

$$x = \lambda\xi + \delta \tag{4.8}$$

schreiben. Dies ist die Strukturgleichung für das oben skizzierte, einfache Meßmodell. Man kann dieses Meßmodell nun so erweitern, daß ein Zusammenhang zwischen der latenten Variable und den beobachtbaren Korrelationen zwischen seinen Indikatoren hergestellt werden kann. Es läßt sich zeigen, daß bei einem Meßmodell mit mindestens 3 Indikatoren der latente Faktor bestimmt werden kann:

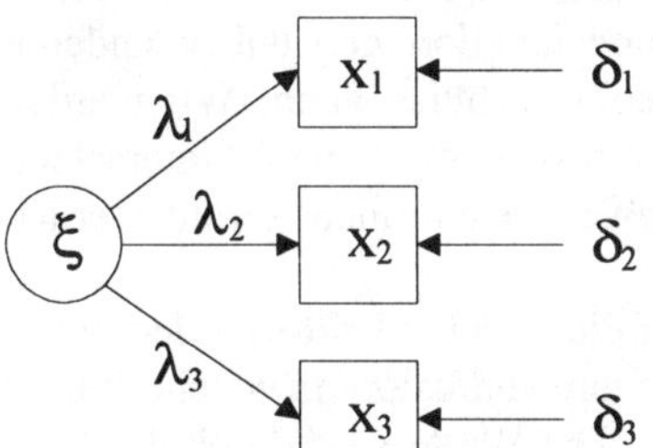

Abb.5: Meßmodell mit 3 Indikatoren

Das dazugehörige Strukturgleichungssystem lautet:

$$\begin{aligned} x_1 &= \xi + \delta_1 \\ x_2 &= \lambda_{21}\xi + \delta_2 \\ x_3 &= \lambda_{31}\xi + \delta_3 \end{aligned} \tag{4.9}$$

λ_{11} ist 1 gesetzt worden, um zu sichern, daß die latente Variable ξ dieselbe Metrik wie der Indikator x_1 hat. Die beiden freien Strukturparameter λ_{21} und λ_{31} lassen sich eindeutig durch die beobachtbaren Korrelationen zwischen den drei Indikatoren bestimmen. Ich gebe hier nur das Resultat entsprechender mathematischer Überlegungen an:

$$\lambda_{21} = \frac{\rho(x_2x_3)}{\rho(x_1x_3)} \text{ und } \lambda_{31} = \frac{\rho(x_3x_2)}{\rho(x_1x_2)} . \tag{4.10}$$

Es sind noch einige weitere Formeln ableitbar, die beispielsweise über den Zusammenhang zwischen erklärter und unerklärter Varianz Auskunft geben, aber

dies würde hier sicherlich zu weit führen und kann außerdem mit Hilfe der modernen Rechentechnik erledigt werden.[19]
Unbeobachtbare Größen lassen sich also messen und berechnen, wenn man mindestens drei Indikatoren zur Verfügung hat. Mit dieser Einsicht kann der oben getroffenen Unterscheidung zwischen gemessenen (beobachteten) und tatsächlichen (latenten) Größen auch eine statistische Begründung gegeben werden.
Nachdem nun ein meßtheoretischer Ansatz gewonnen worden ist, der sowohl die fehlerbehaftete Natur der Messung als auch die stets zu unterstellende Differenz zwischen zu messenden und gemessenen Größen berücksichtigt, wird auf die spezielle Problematik einer mit der Meßtheorie verbundenen Werttheorie eingegangen. Dabei geht es im wesentlichen um die Forderung, die Meßtheorie so zu konzipieren, daß die Werttheorie ihre Erklärungsfunktion gegenüber anderen 'Theorien', zum Beispiel gegenüber der Preistheorie, erfüllen kann. Wir werden sehen, daß diese Forderung mit Hilfe einer Meßtheorie, die keinen Unterschied zwischen direkt beobachtbaren und latenten Größen macht, nicht erfüllt werden kann.
Bei der Anwendung des obigen Meßmodells auf die latenten Faktoren der Werte muß beachtet werden, daß diese nicht erst über ihre Indikatoren (welche immer das auch sein mögen) gemessen werden müssen. Die Werte *sind* durch die Vorgabe der naturalen Verflechtungsstruktur einer lebensfähigen Wirtschaft bereits eindeutig bestimmt. Akzeptiert man also die AQT in der hier gegebenen Form, kommt man auch mit dem einfacheren Meßmodell der Abb. 4 aus. Jedem latenten Faktor 'Wert' müßte dann genau ein Wertindikator zugeordnet werden, wobei die vermittelnden λs identisch sind, sofern keine theoretischen Gründe für die Annahme des Gegenteils vorliegen.

4.3. Der Preis als Erscheinung des Wertes

Zunächst möchte ich auf eine Konfusion aufmerksam machen, die rein sprachlicher Art ist: sowohl die Meßtheorie als auch die Werttheorie haben es mit Werten zu tun, aber in beiden Fällen ist Unterschiedliches gemeint. In der Mathematik spricht man genauso wie in der Meßtheorie von dem Wert einer Größe und meint damit die Zahl, die jene Größe gerade annimmt. Dieses Verständnis hat natürlich mit dem Wert, der mindestens seit 200 Jahren in der Ökonomie diskutiert wird, nichts zu tun. Ich gehe hier davon aus, daß es spätestens bei *Adam Smith* einen Wertbegriff gibt, dessen Aufgabe es unter anderem (vielleicht sogar: vor allem) ist, den Preis zu erklären. Damit dürfte auch schon klargestellt sein, daß ein Wert,

[19] K.G. Jöreskog / D. Sörbom: LISREL 7 User's Reference Guide. Scientific Software Inc. Mooresville 1989. Kap.3.

der mit dem Preis identisch ist oder von ihm abgeleitet wird, den Sinn der traditionellen Bildung des Wertbegriffs - wie er bei *Ricardo*, *Marx*, *Mühlpfordt*, *Bortkiewicz*, *Seton* oder *Sraffa* vorliegt - verfehlt. Wohlgemerkt rede ich hier vom Wertbegriff als Bestandteil der Werttheorie. Dieser ist offenbar zu unterscheiden von dem Wertbegriff innerhalb der Meßtheorie. Kompliziert wird es dann, wenn der ökonomische Wert wie hier zum Gegenstand meßtheoretischer Überlegungen wird. Im Rahmen dieses Modells der AQT ist der ökonomische Wert eine Variable W oder ein Vektor w, die oder der im Sinne der Mathematik oder der Meßtheorie verschiedene Werte (Belegungen) annehmen kann.

In Anlehnung an das 3. Kapitel, das lediglich die Möglichkeit eines eindeutigen Systems von Warenwerten aufgezeigt hat, kann man bezweifeln, ob es so etwas wie einen ökonomischen Wert überhaupt gibt. In dieser Diskussion geht es aber zunächst nur um die adäquate Rekonstruktion des Wert*begriffes*. Konsistenz und Konsequenz sind somit wichtigere Kriterien als praktische und empirische Relevanz. Falls es so etwas wie einen Wert gibt, dann handelt es sich jedenfalls um eine ökonomische Größe v, die die meßtheoretisch relevante Struktur (4.2) oder - in der Notation *Peter Rubens* -

$$v = \omega \cdot v_0$$

hat, so man denn in der Lage ist, einen unveränderlichen Maßstab v_0 für die Messung von Werten zu finden - man erinnert sich an das Problem der Standardware bei *Ricardo* und *Sraffa*. Wie bereits betont, hat der Wert die allgemeine Struktur jeder gemessenen Größe (4.1), aber daraus folgt keineswegs, wie *Ruben* behauptet, daß (4.1) für sich genommen ein Wertausdruck ist.[20] Das soll im weiteren gezeigt werden.

Berücksichtigen wir den traditionellen Zweck der Begriffsbildung "ökonomischer Wert", nämlich den Preis oder die Preise p zu erklären, so haben wir es ganz allgemein mit einer Funktion

$$p = p(v,x) \tag{4.11}$$

zu tun, wobei hier das x stellvertretend für all die anderen Faktoren steht, mit deren Hilfe man den Preis erklären kann. Je nachdem, *welche* Werttheorie man nun rekonstruieren will, wird man die Funktion ganz unterschiedlich spezifizieren müssen.

In einer neueren Publikation führt *Ruben* den hier interessierenden Zusammenhang zwischen Preis und Wert definitionsartig folgendermaßen ein:

---

[20] Vgl. P. Ruben: Philosophie und Mathematik. A.a.O. S. 95.

$$p_j =_{\mathrm{df}} v : N_j, \tag{4.12}$$

wobei v die Wertgröße darstellt und N_j die Menge der Ware j.

Für diese Formel spricht zunächst, daß der für die Werttheorie prinzipielle Unterschied zwischen Preis und Wert hinsichtlich der unterschiedlichen Dimension, die beide Größen darstellen, verankert worden ist. Auch scheint es so, daß die obige Formel eine Art Erklärung für den Preis liefert, da der Wert nach *Ruben* durch Arbeit und andere Instanzen bestimmt ist. Doch dieser Schein trügt. Eine einfache Umformung der Gleichung (4.12) zeigt, daß sie die Struktur eines Meßurteils hat:

$$v = N_j \cdot p_j = N_j \cdot v_{0j} \, . \tag{4.13}$$

Daraus folgt die Art und Weise, wie hier der Preis definiert worden ist:

$$p_j = v_{0j} \, . \tag{4.14}$$

Genauer betrachtet ist der Preis bei *Ruben* also nichts anderes als der Wert je Einheit einer Gebrauchswertmenge.

Man muß jedoch mindestens die folgenden vier Größen unterscheiden: den Preis einer Warenmenge, den Wert einer Warenmenge, den Preis je Wareneinheit und den Wert je Wareneinheit. Ruben identifiziert den Preis generell mit dem Wert je Wareneinheit, so daß es sich in Wahrheit nur um zwei Namen für ein und dieselbe Größe handelt. - Dagegen ist zu betonen: die Grundbedingung für eine sinnvolle Rekonstruktion jeder Werttheorie ist die Existenz einer vom Preis verschiedenen Größe des Wertes!

Inkongruenzen zwischen dem Wert und dem Preis, wie sie durch die modifizierende Wirkung des Verhältnisses von Angebot und Nachfrage auftreten könnten,[21] bleiben in der Rubenschen Rekonstruktion der Wert- und Preistheorie unberücksichtigt: der Preis stellt den Wert immer adäquat dar. Klarerweise ist dies eine direkte Konsequenz einer Meßtheorie, die den systematischen Unterschied zwischen *beobachtbarer* Größe (Preis) und *theoretischer* Größe (Wert) einebnet. Wenn der Preis mit dem Wert identifiziert wird, so ist eine der beiden Kategorien überflüssig, je nach dem, wo man den Ausgangspunkt nehmen will. Geht man vom Preis aus, so bedeutet *Rubens* Definition: "Der Wert ist der Preis mal die Menge!" Wozu brauchen wir eigentlich eine Wert*theorie*, wenn es so einfach ist, den Wert zu bestimmen?

Nun, so könnte man einwenden, *Ruben* geht in Wahrheit von der Werttheorie aus,

---

21 G. Quaas: Zum Verhältnis von Wert und Preis aus mathematischer Sicht. In: Wirtschaftswissenschaft. Heft 11. Berlin 1984. S. 1653 f.

die sogar eine Art *Arbeits*werttheorie sein möchte. Wenn dem so ist, dann hängt sie aber in der Luft: denn der durch (4.12) definierte Preis ist weder der empirisch-meßbare noch der theoretisch konstruierbare (Produktions-) Preis. Es ist überhaupt kein Preis im ökonomischen Sinn, sondern einfach der Wert pro Wareneinheit.

4.4. ECHTE WERTAUSDRÜCKE

Wir verlassen jetzt scheinbar das Gebiet der Meßtheorie und wenden uns der Darstellung der Wertformanalyse zu, um den tieferen Ursachen der Konfusion von Wert und Preis bei *Ruben* nachzugehen. Ich sage "wir verlassen *scheinbar* die Meßtheorie", weil es durchaus sein könnte, daß die Marxsche Wertformanalyse eine Bedeutung für die genetische Darstellung des 'Werdens von Größen' hat und dann in sublimierter Form Bestandteil der Meßtheorie werden müßte.[22] Wollte man hier sicheren Grund gewinnen, müßte man sich der Analyse der Genese der physikalischen Größen wie z.B. der der Zeit und der des Raumes zuwenden, was weit über den Rahmen einer Modellierung der Werttheorie hinaus ginge. - Vor der mathematischen Rekonstruktion der Wertformanalyse ist jedoch erst einmal Klarheit über ihr einfachstes Element, den elementaren Tauschwert, zu schaffen.

Der einfachste Wertausdruck liegt nach Marx mit dem Satz "x Ware A ist y Ware B wert" vor. Mathematisch gesehen handelt es sich um die Zuordnung zweier Warenmengen "x Ware A" und "y Ware B" mit der Behauptung, daß sie gleichwertig sind. Man würde die Warenmengen (z.B. x Ware A) heute allerdings anders (moderner) notieren: Sei a die Größe für die im Wertausdruck angenommene Menge einer Ware vom Typ A, und b bezeichne die entsprechende Menge der Ware B. Dann erfolgt im einfachen Wertausdruck eine Zuordnung der Gebrauchswertmengen a und b mit der Behauptung, daß sie gleichwertig sind.

Das Moment der Gleichwertigkeit erinnert stark an die Gleichung (4.3) in der Formulierung (4.6), bei der auch eine Gleichheit behauptet wurde. Wenn jetzt (4.6) zur Formulierung des obigen Wertausdruckes benutzt wird, dann haben wir eine eigentümliche Mischung vor uns: einerseits handelt es sich um eine protomathematischen Beziehung, die aber andererseits durchweg mathematische Größen enthält. Ich denke, das unterstreicht noch einmal, warum man sich von einer allzu engen Interpretation des Meßausdruckes trennen muß, und es gibt auch eine klare Antwort auf die Frage, warum (4.6) oder (4.3) im allgemeinen eben kein Wertausdruck ist. Die mathematische Formulierung eines Wertausdruckes lautet näm-

[22] Diesen Gedanken glaubte ich vor 15 Jahren der Meßtheorie Rubens entnehmen zu können. Niemand hat ihn bisher jedoch ausgeführt.

lich:

$$a \overset{W}{=} b \;. \tag{4.15}$$

Klarerweise bedeutet das *W* über dem Gleichheitszeichen, daß es sich keinesfalls um eine schlichte mathematische Gleichheit handelt, sondern um das Gleichsetzen zweier quantitativ und qualitativ verschiedener Warenmengen, die unter dem Gesichtspunkt der ökonomischen Werteigenschaft (*W*) vorgenommen wird. Mit Hilfe der Implikation (4.4) - oder besser gesagt: mit dem mit der Gleichsetzung verbundenen Akt einer speziellen Abstraktion kann man nun zu den Größen übergehen, die *a* und *b* in diesem Meßurteil repräsentieren, wobei es sich um die ökonomische Größe des Wertes handelt, die Eigenschaft beider Warenmengen ist. Nach dem Übergang erhalten wir die protomathematische Beziehung

$$[a] \equiv [b] \,, \tag{4.16}$$

wobei die eckigen Klammern hier den Operator für die Abstraktion der Werteigenschaft bedeuten. Für den protomathematischen Ausdruck $[a]$, d.h. dem ökonomischen Wert der Warenmenge *a*, setzen wir jetzt den mathematischen Ausdruck (die Funktion) $W(a)$. Damit wird aus

$$[a] = W(a) \text{ und } [b] = W(b), \tag{4.17}$$

womit sich aus (4.16) die mathematische Gleichung

$$W(a) = W(b) \tag{4.18}$$

ergibt, die nichts anderes als die Wertgleichheit der beiden Warenmengen notiert. Ziel war die Rekonstruktion des einfachen Wertausdruckes. Dieser liegt im Prinzip mit der protomathematischen Beziehung (4.15) vor, wobei jetzt allerdings etwas klarer sein sollte, was die geforderte Wertgleichheit der beiden Warenmengen im Wertausdruck bedeutet. In der Tat kann der *Tauschwert* - und das ist nichts als eine andere Bezeichnung für den einfachsten Wertausdruck - analytisch korrekt nur unter Voraussetzung des Wertes als eine ökonomische Größe und unter Annahme einer zumindest angenommenen Wertgleichheit der verglichenen Güter formuliert werden.[23] Um eine mathematisch exakte Formulierung des einfachen Wertausdruckes zu erhalten - Beziehung (4.15) ist nur ein protoma-

23 Vgl. P. Ruben: Vom Problem der ökonomischen Messung und seiner möglichen Lösung. A.a.O. S.58.

thematischer Ausdruck - ist die Zuordnung zwischen den beiden Warenmengen mathematisch umzusetzen.
Zuordnungen werden in der Mathematik durch Funktionen realisiert. Will man den Wert der Ware *a* nicht wie in (4.18) durch eine abstrakte Größe W ausdrükken, sondern im Gebrauchswert der Ware *b*, so ist der Warenmenge *a* eben jene Warenmenge *b* zuzuordnen, von der man die Gleichwertigkeit annimmt. Die Größe *b* ist im Wertausdruck also eine Funktion der Warenmenge *a*:

$$b = b(a) \ . \tag{4.19}$$

Gleichung (4.19) definiert analytisch korrekt den *b*-Wert der Ware *a* (Beispiel: der Leinwandwert eines Rockes wird durch soundsoviel Ellen Leinwand dargestellt) und ist von mir - dies als bloßer Hinweis - vor Jahren bereits als Darstellung des Marxschen Tauschwerts eingeführt worden.[24]
Der einfache Wertausdruck, besonders in seiner verbalen Form, ahmt die praktische Sprache des Marktes nach. Der Ausdruck (4.19) gehört dagegen eher der Theorie an. Der Zusammenhang zwischen der Darstellung des Wertes im 3. Kapitel und der Darstellung des Tauschwertes als Funktion im Sinne von (4.19) besteht in einer Verhältnisgleichung:[25]

$$b = b(a) = \frac{W(a_0)b_0}{W(b_0)a_0} \cdot a \ . \tag{4.20}$$

Demnach ist der *b*-Wert der Ware *a* um so größer, je wertvoller diese Ware und je größer ihre Menge ist. Er wird um so kleiner, je größer der Wert der Wareneinheit $W(b_0)$. - Diese einfachen Beziehungen sind m.E. so plausibel, daß eine umfassendere Analyse des Marxschen Textes zum Nachweis der hermeneutisch korrekten Umsetzung der dort vermittelten Inhalte unterbleiben kann. Sie entsprechen übrigens den Beziehungen, die *Peter Ruben* unter einer anderen Notation 1997 als "analytisch korrekte Determination" des Tauschwerts eingeführt hat: "In der Tat besteht die im Tausch realisierte Preisverhandlung darin, das Tausch*verhältnis* der wechselseitig angebotenen Güter festzulegen. Dieses Verhältnis wird als Definiens zur Definition des Tauschwerts T_{jl} verwendet, so daß festgelegt werden kann:

$$T_{jl} =_{\text{df}} N_{ij} : N_{kl} \ .$$

24 G. Quaas: Zum Verhältnis von Wert und Preis aus mathematischer Sicht. A.a.O. S.1651 f.
25 Vgl. ebd. - Eine Ableitung dieser Gleichung erfolgt hier im 7. Kapitel, 1. Abschnitt.

Mit dieser Definition vereinfacht sich der Tauschausdruck zu

$N_{ij} = T_{jl} \cdot N_{kl}$."[26]

Während aber *Rubens* Beziehung für den Tauschausdruck mathematisch gesehen nichts als eine Tautologie ist (nach Einsetzen der Definition kürzen sich alle Unterscheidungen wieder heraus), expliziert Gleichung (4.20) den inhaltlichen Zusammenhang zwischen dem einfachen Wertausdruck im praktischen Tausch und der theoretischen Vorstellung einer Wertgröße, die Eigenschaft von Waren ist. Wesentlich ist hier noch die Feststellung, daß der einfache Wertausdruck unter der Bedingung (4.18) konstruiert worden ist. Das aber heißt, daß der auf dem Markt herrschende Tauschwert $b(a)$ den tatsächlichen Wertverhältnissen entsprechen muß, die durch die Beziehung von $W(a)$ und $W(b)$ konstituiert werden - zwei Größen, die beide durch die Arbeitswerttheorie bestimmt werden müssen. Kann dies nicht unterstellt werden, muß die Zuordnung zwischen a und b im Ausdruck (4.19) unter theoretischem Gesichtspunkt als beliebig angesehen werden, d.h. es gelten streng genommen weder (4.16) noch (4.18). Auf dem Markt gilt aber die Meinung der Tauschpartner, gleiche Werte auszutauschen. Und dies rechtfertigt es, die Funktion (4.19) weiterhin als Wertausdruck, als den Wertausdruck der Agenten des Marktes, anzusehen.
Noch 1979 verwendete *Peter Ruben* anstelle der mathematischen Tautologie für den Tauschwert die protomathematische Beziehung[27]

$$a / = b . \qquad (4.21)$$

Doch besteht an dieser Stelle der Anwendung der Meßtheorie auf die Wertformanalyse keinerlei Notwendigkeit, strikt auf vormathematische Formen zurückzugreifen. Dies führt nur zu einer unnötigen Verkomplizierung der Darstellung. Es wäre auch nicht möglich, eine solche Forderung durchzuhalten, da die beiden Seiten der protomathematische Beziehung (4.21) sowieso mathematische Größen der Struktur (4.1) beinhalten. Wie man gleich sehen wird, erfordert die Darstellung der Wertausdrücke außerdem die Verwendung eines ganzen Arsenals logischer Beziehungen, kann also auch nicht vorlogisch formuliert werden. Das könnten einige der Gründe gewesen sein, die Ruben in der angegebenen neueren Publikation bestimmten, den Tausch analytisch exakt als das Verhältnis zweier Gebrauchswertmengen zu definieren. Da ihm jedoch ein konsistentes Modell für die AQT fehlt, endete dies bei einer Tautologie.

---

[26] P. Ruben: Vom Problem der ökonomischen Messung und seiner möglichen Lösung. A.a.O. S. 61.
[27] Vgl. P. Ruben: Philosophie und Mathematik. A.a.O. S. 99.

Die folgende Rekonstruktion der 4 verschiedenen Wertausdrücke dürfte nur für den Kenner des "Kapitals" von Interesse sein. Diesem Leser wird es nicht schwerfallen, die folgenden Vergleiche zwischen der *Marx*schen Formulierung, der mathematischen Modellierung durch *Peter Ruben* und der hier vorgeschlagenen Alternative nachzuvollziehen. Die an diesem Thema weniger interessierten Leser werden einfach zur Kenntnis nehmen, daß der Preis der höchst entwickelte Wertausdruck ist. Das 7. Kapitel beschäftigt sich übrigens mit der Frage, wie sich das Verhältnis zwischen Wert und Preis unter der Wirkung des Verhältnisses von Angebot und Nachfrage auf dem Markt modellieren läßt. Hier die Darstellung der verschiedenen Wertformen:

(i) **Die einfache, einzelne oder zufällige Wertform**

Marx: "x Ware A = y Ware B oder: x Ware A ist y Ware B wert" .[28]

Ruben: "$a/=b$" .[29]

Analytisch korrekt: "$b(a)$".

Im mathematischen Wertausdruck spielen a und b so wie in der verbalen Formulierung verschiedene Rollen: a drückt seinen Wert aus in b, b dient zum Material dieses Wertausdruckes. Nach *Marx* befindet sich a in *relativer Wertform*, b in *Äquivalentform*.

(ii) **Die totale oder entfaltete Wertform**

Marx: "z Ware A = u Ware B oder = v Ware C oder = w Ware D oder = x Ware E oder = etc."[30]

Ruben: "$a/=b \vee a/=c \vee a/=d \vee ...$"[31]

Analytisch korrekt: $b(a) \wedge c(a) \wedge d(a) \wedge ...$ (4.22)

Ich habe in der analytisch korrekten Formulierung das von *Ruben* in sprachlicher Anlehnung an *Marx* verwendete logische ODER durch das logische UND ersetzt, da *Marx* offenbar meint, daß der Wert der Ware a gleichzeitig in einer Reihe von

28 Vgl. K. Marx: Das Kapital. Bd.1. In: MEW. Bd.23. Berlin 1986. S.63.

29 Vgl. P. Ruben: Philosophie und Mathematik. A.a.O. S. 99.

30 Vgl. K. Marx: Das Kapital. Bd.1. A.a.O. S.77.

31 Vgl. P. Ruben: Philosophie und Mathematik. A.a.O. S. 100.

verschiedenen Waren ausgedrückt wird: "Der Wert einer Ware, der Leinwand z.B., ist jetzt ausgedrückt in zahllosen andren Elementen der Warenwelt. Jeder andre Warenkörper wird zum Spiegel des Leinwandwerts."[32] Dies könnte sicher nicht angenommen werden, wenn auch nur ein einziger Wertausdruck, beispielsweise $c(a)$, ein unwahrer Ausdruck wäre. Die Gültigkeit des Ausdruckes der entfalteten Wertform setzt somit die Gültigkeit jedes einzelnen, elementaren Wertausdruckes voraus und damit das logische UND.

(iii) **Die allgemeine Wertform**

Marx:

"1 Rock	=	
10 Pfd. Tee	=	
40 Pfd. Kaffee	=	
1 Qrtr. Weizen	=	20 Ellen Leinwand"[33]
2 Unzen Gold	=	
1/2 Tonne Eisen	=	
x Ware A	=	
usw. Ware	=	

Ruben: "$b / = a \wedge c / = a \wedge d / = a \wedge ...$"[34]

Analytisch korrekt: "$a(b) \vee a(c) \vee a(d) \vee ...$" (4.23)

Ich habe in der analytisch korrekten Formulierung das von *Ruben* verwendete logische UND durch das logische ODER ersetzt, da die Gültigkeit der allgemeinen Wertform nicht voraussetzt, daß, wenn a den gleichen Wert wie b hat, dies auch für c, d, etc. gelten muß. Vielmehr genügt es, daß sich die verschiedenen Werte der Waren c, d, etc. in verschiedenen Mengen der Ware a ausdrücken können, um die Gültigkeit der allgemeinen Wertform zu behaupten. Die Formulierung mit einem logischen UND ist auch möglich, müßte dann aber lauten: "$a_1(b) \wedge a_2(c) \wedge a_3(d) \wedge ...$"

Ich halte die Formulierung mit dem logischen ODER für zweckmäßiger, weil sie die Entkoppelung des einzelnen Wertausdruckes von dem der anderen Waren deutlich macht, die für die einfache und die allgemeine Wertform im Gegensatz zur totalen Wertform charakteristisch ist.

---

[32] K. Marx: Das Kapital. Bd.1. A.a.O. S.77.

[33] Ebd. S.79.

[34] Vgl. P. Ruben: Philosophie und Mathematik. A.a.O. S.102.

(iv) **Die Geldform**

Marx:

"20 Ellen Leinwand	=	
1 Rock	=	
10 Pfd. Tee	=	
40 Pfd. Kaffee	=	2 Unzen Gold"[35]
1 Qrtr. Weizen	=	
1/2 Tonne Eisen	=	
x Ware A	=	

Ruben 1979: keine explizite Angabe.

Ruben 1997: = der allgemeinen Wertform, aber mit Gold als Wertausdruck.[36]

Analytisch korrekt: "$g(b) \vee g(c) \vee g(d) \vee ...$", (4.24)

wobei g Goldmengen bezeichnen.

(v) **Papiergeld**

Ist der Preis einer Goldeinheit durch $P(g_0)$ fixiert worden,[37] so ergibt sich für den Preis der Ware a unter der Bedingung, daß ihr Goldpreis bekannt ist:

$$P(a) = \frac{P(g_0)}{g_0} g(a) . \tag{4.25}$$

Schließlich läßt sich der Zusammenhang zwischen dem Preis $P(a)$ einer Warenmenge a und den theoretisch bestimmbaren Wertgrößen $W(a)$ unter Voraussetzung der Wertgleichheit aller vermittelnden Glieder wie folgt notieren:

---

35 K. Marx: Das Kapital. Bd.1. A.a.O. S.84.

36 Vgl. P. Ruben: Vom Problem der ökonomischen Messung und seiner möglichen Lösung. A.a.O. S.62 f. - Eine explizite Darstellung des Goldpreises findet man hier im 7. Kapitel, Gl. (7.7).

37 Die Großschreibung des Preises P einer einzelnen Ware ist erforderlich, um diese Größe von dem im nächsten Kapitel einzuführenden Preisvektor p mehrerer Waren zu unterscheiden.

$$P(a)=\frac{P(g_0)}{g_0}g(a)=\frac{P(g_0)W(a_0)}{W(g_0)a_0}a\ . \tag{4.26}$$

Hier ist Gleichung (4.20) benutzt worden. Einfache Umformung erbringt:

$$W(a)=\frac{W(g_0)}{P(g_0)a_0}P(a_0)\cdot a\ . \tag{4.27}$$

An dieser Formel kann man klar erkennen, unter welchen Bedingungen die *Ruben*sche Definition des Wertes als Preis $P(a_0)$ mal Menge a richtig wäre: Im wesentlichen muß der Wert der Goldeinheit gleich ihrem Preis sein. Außerdem war bei der ganzen Ableitung vorausgesetzt, daß die Preisverhältnisse die Wertverhältnisse adäquat ausdrücken, also keine Abweichung des Preises unter dem Einfluß von Angebot und Nachfrage stattfindet. Die Vernachlässigung beider Bedingungen läßt von der Unterscheidung zwischen Wert- und Preisgrößen nichts als den bloßen Namen übrig. Der meßtheoretische Fehler besteht darin, daß beobachtbare Größen wie der Preis einer Goldeinheit mit bestenfalls theoretisch bestimmbaren Größen wie dem Wert einer Goldeinheit identifiziert werden.

4.5. INADÄQUATE MODELLKONSTRUKTE

Diese Zwischenüberschrift thematisiert ausschließlich die mathematische Rekonstruktion traditioneller Vorstellungen, die mit der Arbeitswertlehre verbunden sind oder waren. Zunächst eine Tatsachenfeststellung: Es ist nicht so, daß man auf diesem Gebiet bei Null anfangen müßte oder könnte. Diesen Eindruck kann man allerdings gewinnen, wenn man *Peter Rubens* Anwendung der Meßtheorie auf die Werttheorie betrachtet. Ein solcher Neuaufbau wäre gerechtfertigt, wenn meßtheoretische Überlegungen zu einem exakteren Aufbau des verwendeten Formelapparats führen würde. Überwiegend ist dies jedoch nicht der Fall. (Die berechtigte Forderung nach dimensionaler Unterscheidung zwischen Arbeitszeit und Wert ist bereits erwähnt worden.) Stellt man sich konsequent auf den Standpunkt einer 'analytisch korrekten' Darstellung der Meßtheorie, so fallen viele der aufwendig diskutierten Unterscheidungen bei *Ruben* in sich zusammen. Darüber hinaus wird leider die auf dem Gebiet der mathematischen Darstellung der Werttheorie bereits erreichte Klarheit durch ungenügend vernetzte Formeln getrübt. Dafür im folgenden drei Beispiele.

4.5.1. ARBEITSZEIT UND PRODUKTIONSZEIT

Der Anlaß für diese Unterscheidung ergab sich für *Marx* im Zusammenhang mit der Länge der Umschlagszeiten des Kapitals.[38] Es lassen sich aber auch einfachere Probleme finden, die jenen Unterschied nahelegen: Die landwirtschaftliche Produktion erfordert beispielsweise nur zu gewissen Höhepunkten einen größeren Arbeitseinsatz - dazwischen reift das Korn auch ohne Zutun des Bauern. Für *Ruben* ist es in diesem Zusammenhang "a priori klar, daß $t^A \leq t^P$ gilt".[39] Die naive Alltagsvorstellung, daß die Arbeitszeit immer nur ein Bestandteil der gesamten Produktionszeit ist, unterstellt aber gesellschaftstheoretisch das vereinzelte Individuum als Produzent und ist folglich (i) weder für die inzwischen vorherrschend gewordene kollektive Produktion (bei weitgehend individueller Aneignung) noch (ii) für die mathematische Formulierung der Werttheorie verwendbar.

Zu (i): Selbstverständlich ist die Arbeitszeit, die für ein industriell gefertigtes Gut aufgewendet wird, nicht nur gelegentlich, sondern in aller Regel größer als die Produktionszeit: ein Haus wird vielleicht in 4 Monaten hergestellt (= Produktionszeit!), enthält aber die Arbeitszeit von 32 Monaten, wenn beispielsweise 10 Arbeiter beschäftigt waren und wir außerdem noch einen gewissen Krankenstand berücksichtigen. Jene Relation ist - einfach falsch. Philosophisch unterstellt sie das vereinzelte Individuum als Subjekt der Arbeit, während ein Produktionsprozeß, in dem der von *Ruben* vor Jahren noch anerkannte Gesamtarbeiter wirkt,[40] gar nicht mehr in Betracht zu kommen scheint.

Zu (ii): *Marx* vertrat - ich muß es wohl wiederholen, obwohl dies bekannt sein sollte - eine *Arbeits*werttheorie. Und diese führt, wie übrigens jede andere Arbeitswerttheorie auch - den Wert auf die geleistete Arbeit zurück, deren Umfang durch die *Arbeitszeit* bestimmt ist. Wenn *Ruben* es für möglich hält, die Arbeitszeit gelegentlich durch die Produktionszeit auszutauschen, so schreibt er auch den Naturprozessen (das Reifen des Korns...) eine wertbildende Kraft zu, ist also insofern kein Arbeitswerttheoretiker mehr. Daß dies mit *Marx*, der sich immer leidenschaftlich gegen die Theorie der drei Faktoren (Arbeit, Kapital, Boden) gewandt hat, nichts mehr zu tun hat, muß wohl nicht unterstrichen werden.

---

38 K. Marx: Das Kapital. Bd.2. In: MEW. Bd.24. Berlin 1975. S.124 ff.

39 P. Ruben: Vom Problem der ökonomischen Messung und seiner möglichen Lösung. A.a.O. S.64.

40 Vgl. P. Ruben: Dialektik und Arbeit der Philosophie. Köln 1978. S.25 ff.

4.5.2. KONSTANTES KAPITAL

Hierzu läßt sich nur sagen, daß das konstante Kapital oder der Wert abschreibbarer Güter, das (der) ja bekanntlich nicht nur in der Marxschen Theorie eine Rolle spielt, bei Ruben einfach nicht vorkommt. Dies verwundert um so mehr, als im Denken des *Philosophen* Peter Ruben das Arbeitsmittel einmal eine zentrale Stelle einnahm.[41] Vielleicht - so könnte man vermuten - soll uns die Substitution der Arbeitszeit durch die Produktionszeit über diesen 'Verlust' hinwegbringen, denn durch die Anerkennung der bloßen Produktionszeit als wertbildend können wir ohne Weiteres so etwas wie einen Kapitalzins annehmen.[42] Die Relevanz solcher Verhältnisse kann und soll hier nicht bestritten werden, nur haben sie mit der Werttheorie i.e.S. überhaupt nichts zu tun: diese Dinge gehören einfach zum Paradigma einer anderen Schule!

4.5.3. RUBENS NICHT-LINEARE WERTTHEORIE

Oben erwähnte ich bereits die Definition des Preises; in einer Arbeitswerttheorie, die die Aufgabe hat, mit Hilfe der Werte die Preise zu erklären, kann jene Definition offenbar nicht gleichzeitig als Definition des Wertes interpretiert werden. Dazu müßte man sich nach anderen Zusammenhängen umschauen. Die physikalischen Größen der *Kraft K* und der *Arbeit A* dienen Ruben als Vorbild für die Ableitung der folgenden Bestimmungsgleichung für die Wertgröße:

$$v = -K\, N_l\, t^A$$

Dabei wird angenommen, daß die Arbeitskraft negativ gezählt wird (weil sie *verausgabt* wird), und somit wächst der Wert - wie man bei einer Rekonstruktion der Werttheorie erwarten konnte - mit der Arbeitszeit. Völlig überraschenderweise wächst er - nach dem obigen Ansatz - aber auch mit der Menge des produzierten Gebrauchswerts. Bedenkt man nun, daß die Menge der produzierten Gebrauchswerte - bei gegebener Produktivkraft - proportional mit der Arbeitszeit zunimmt, so erkennt man, daß *Ruben* - möglicherweise unbeabsichtigt - in eine (mindestens) quadratische Theorie der Wertschöpfung hineingerutscht ist. Das ist durchaus unüblich und insofern auch neu, aber ich weiß nicht, ob sich dieser Autor darüber im klaren ist, welche mathematischen Schwierigkeiten er sich mit der Ausarbeitung einer nicht-linearen Werttheorie einhandeln würde. Beachtet

41 Vgl. ebd. S.22 ff.

42 Vgl. A.E. Ott / H. Winkel: Geschichte der theoretischen Volkswirtschaftslehre. Göttingen 1985. S.69.

man weiterhin, daß nach *Ruben* auch dann Wertproduktion stattfindet, wenn nicht gearbeitet wird, dürfte es sich um eine ziemlich verwickelte mathematische Formulierung der Werttheorie handeln, bei der die Existenz eines eindeutig bestimmten Wertesystems selbst im Fall eines so einfachen Modells wie das von *n*-Ein-Produkt-Zweigen ohne Kuppelproduktion erst noch zu beweisen wäre.
Ein anderes Problem sehe ich in diesem Zusammenhang darin, daß die Wertdefinition auf eine weitere undefinierte Größe, die Kraft *K*, zurückgeführt wird. Zwar wird am Ende des Beitrages erwähnt, daß "die Anzahl der Beschäftigten zugleich das Maß des Arbeitskraftaufwands" darstellt,[43] aber dies würde das Problem einer nicht-linearen Theorie noch weiter verschärfen: in der Arbeitszeit ist die Anzahl der Beschäftigten ja bereits implizit enthalten.

43 P. Ruben: Vom Problem der ökonomischen Messung und seiner möglichen Lösung. A.a.O. S.71.

5. DER PRODUKTIONSPREIS

In diesem Kapitel wird hauptsächlich die Preistheorie *Piero Sraffas* rekonstruiert. Dabei orientiere ich mich stark an der ausgezeichneten mathematischen Zusammenfassung, die *Bertram Schefold* im Anhang zu *Sraffas* Buch "Warenproduktion mittels Waren" gegeben hat. Um den Leser nicht mit noch einer anderen Notation zu verwirren, werden die hier eingeführten Bezeichnungen so weit wie möglich beibehalten. Völlig neu ist die Darstellung der Verteilung, die sich aufgrund der von *Sraffa* eingeführten Preise ergeben würde. Originär dürfte auch die Kritik sein, die hier an dem vor allem von *Schefold* erhobenen Anspruch geübt wird, die Sraffasche Preistheorie könnte die Wertstruktur darstellen, und zwar als einen untergeordneten Spezialfall.[1] Insofern damit die (bedingte) Interpretation der Preise als Werte hinfällig wird, kann Sraffas Theorie auch nicht mehr als Lösung des Transformationsproblems deklariert werden. Vielmehr ist es *Francis Seton*, der diese Leistung erbracht hat. - Im letzten Abschnitt stelle ich die Gleichung für einen mit Abgaben belasteten Produktionspreis auf, wie er aus der Sicht der AQT als sinnvoll erscheint.

5.1. PREISE BEI EINFACHER REPRODUKTION

X sei die Matrix des absoluten Verbrauchs. In Sraffas Theorie der Warenproduktion mittels Waren umfaßt die Input-Matrix sowohl den Lebensmittelkonsum der Arbeiter als auch den Verbrauch von Produktionsmitteln, ist also mit

$$X = D + Z \tag{5.1}$$

identisch. Je eine Zeile repräsentiert dann undifferenziert sowohl die technologische Struktur als auch die Lebensweise der Arbeiter des betreffenden Industriezweiges. Mit q bezeichnen wir wieder das gebrauchswertmäßige Bruttoprodukt. Die (sonst kaum weiter verwendbare) "Reaktionsgleichung" für eine Produktionsperiode lautet:

$$X \rightarrow q. \tag{5.2}$$

Bei einfacher Reproduktion des Systems gilt:

$$eX = x = q \; . \tag{5.3}$$

[1] "Bei r=0 sind die Preise in kommandierter Arbeit gleich den Arbeitswerten..." B. Schefold: Nachworte. In: P. Sraffa: Warenproduktion mittels Waren. Frankfurt a.M. 1976. S. 221.

Dabei ist x der Vektor des absoluten Verbrauchs. Die Matrix für den zweigspezifischen Verbrauch je produzierter Ware bezeichnen wir mit

$$\xi = Q^{-1}X \ , \tag{5.4}$$

wobei (wie im zweiten Kapitel bereits erläutert) $Q=\{q\}$ der zur Diagonalmatrix erhobene Bruttoprodukt-Vektor ist.[2] ξ ist ebenso wie X eine nichtnegative Matrix. *Einfache Reproduktion* kann dann auch mit Hilfe der Gleichung

$$q\xi = qQ^{-1}X = eX = x = q \tag{5.5}$$

erfaßt werden. Die beiden äußeren Seiten von (5.5) zeigen, daß q ein (positiver) Eigenvektor zur Matrix ξ ist, der die maximale charakteristische Wurzel 1 hat. Daraus folgt, daß auch ein rechter Eigenvektor, wir bezeichnen ihn mit p, existiert:

$$\xi p = p \ . \tag{5.6}$$

Vorausgesetzt ist bei Sraffa zunächst die Unzerlegbarkeit der Matrix ξ, was nach den Überlegungen im Abschnitt 2.7 keine besonders realistische Annahme ist.
Gl. (5.6) ist einer ökonomischen Interpretation fähig: Wird der Vektor p vom Markt als Preis akzeptiert, regelt er die Verteilung der produzierten Waren so, daß auch in der folgenden Produktionsperiode einfache Reproduktion realisiert werden kann: Jeder Zweig i schlägt durch den Verkauf seiner Produkte in Höhe des Gesamtpreises $(Qp)_i$ gerade seine Kosten $X_i p = (Xp)_i$ heraus. Das ergibt die Multiplikation der Gleichung (5.6) mit Q:

$$Q\xi p = Xp = Qp. \tag{5.7}$$

Wird dagegen ein Surplus

$$s \geq 0 \tag{5.8}$$

erzeugt, gilt

$$q \geq x \ . \tag{5.9}$$

---

[2] Die geschweiften Klammern stehen hier als Abkürzung für das Kronecker-Symbol innerhalb einer quadratischen Matrix.

Wenn wir die Definition des Surplusprodukts aus dem zweiten Kapitel benutzen, ergibt sich mit Hilfe des Vektors x für den absoluten Verbrauch:

$$s = q - x = e(Q - X) = eQ(E - \xi) = q(E - \xi) \ . \tag{5.10}$$

$(E - \xi)$ ist also der Operator, der das Bruttoprodukt auf das Surplusprodukt 'reduziert'. Aus (5.10) folgt außerdem

$$Q^{-1}s = e(E - \xi) \ , \tag{5.11}$$

das heißt, bei Produktion von je einer Wareneinheit als Bruttoprodukt e wird ein Surplusprodukt von $e(E - \xi)$ erzeugt, das gleich dem Surplusprodukt je Wareneinheit $Q^{-1}s$ ist.

Das gebrauchswertmäßige Bruttoprodukt q ist bei erweiterter Reproduktion im allgemeinen kein Eigenvektor von ξ mehr:

$$q\xi = x \neq \lambda q \ , \quad x \leq q \ . \tag{5.12}$$

Das nennt *Sraffa* ein "widersprüchliches System", was wohl heißen soll, daß sich die Struktur des Verbrauchs von der des Bruttoprodukts unterscheidet.[3]

Da ξ eine nicht-negative Matrix ist, gibt es ein nicht-negatives λ, das die maximale charakteristische Wurzel zu dem nicht-negativen Vektor p ist, also die folgende Gleichung erfüllt:

$$\xi p = \lambda p. \tag{5.13}$$

Daraus folgt

$$\lambda(qp) = q(\lambda p) = q(\xi p) = (q\xi)p = xp \leq qp \ , \tag{5.14}$$

mithin ist

$$\lambda \leq 1. \tag{5.15}$$

Aus (5.13) erhält man nun folgendes Gleichungssystem für die Preise je Wareneinheit:

---

3 Vgl. P. Sraffa: Warenproduktion mittels Waren. A.a.O. S. 24.

$$\xi p(1+R)=p \quad \text{mit} \quad \lambda=\frac{1}{1+R}\ , R\geq 0\ . \tag{5.16}$$

R kann man als Profitrate interpretieren. Der Preis setzt sich zusammen aus den Kosten für Produktions- und Lebensmittel sowie einem für alle Zweige einheitlichen, anteilmäßigen 'Zuschlag' auf diese Kosten, den Profit. - Diese ökonomisch relevanten Eigenschaften von p qualifizieren ihn als *Vektor für den Produktionspreis.*

Um die Gleichung (5.13) in nicht-trivialer Weise zu lösen, muß für die entsprechende Deteminante gelten:

$$\Delta(\lambda E-\xi)=0\ . \tag{5.17}$$

Bei der rechentechnischen Bearbeitung ist λ maximal zu wählen. Diese Größe wird in die Gleichung (5.13) eingesetzt und das dazugehörige p bestimmt. Alternativ zu (5.16) läßt sich Gleichung (5.13) noch folgendermaßen schreiben:

$$\xi p=(1-\varepsilon)p\ , \text{ mit } \varepsilon\geq 0 \text{ und } \lambda=1-\varepsilon. \tag{5.18}$$

Eine einfache Umformung ergibt:

$$\varepsilon p=(E-\xi)p. \tag{5.19}$$

Multipliziert man Gl. (5.19) mit q und vergleicht mit Gl. (5.10), so ergibt sich die Bedeutung des Skalars ε:

$$\varepsilon qp=q(E-\xi)p=sp. \tag{5.20}$$

Die Zahl ε erfaßt somit den 'wertmäßigen' Anteil des Surplusprodukts am Bruttoprodukt, wobei beide Größen in Preisen ausgedrückt werden.[4]

5.2. Die größte harmonische Produktionsstruktur

Wir betrachten einen fiktiven Bruttoproduktvektor $\hat{v}$,[5] der aber insoweit 'real' sein soll, als er in dem realen Bruttoprodukt q quantitativ enthalten ist:

---

4 Das Attribut 'wertmäßig' steht hier und im folgenden in (einfachen) Hochkommas, wenn das Wort 'Wert' nicht als Grundbegriff der Werttheorie, sondern im umgangssprachlichen Sinn verwendet wird. In diesem Sinn gilt u.a. der Satz: 'Wert' gleich Preis mal Menge.

$$\hat{v} \leq q \quad \cap \quad \neg(\hat{v} \prec q) \tag{5.21}$$

$\hat{v}$ ist zwar kleiner als q, stimmt aber in mindestens einem Element mit q überein. $\hat{v}$ sei weiterhin der zur maximalen charakteristischen Wurzel λ gehörige (linksseitige) positive Eigenvektor von ξ:

$$\hat{v}\xi = \lambda\hat{v} \ , \tag{5.22}$$

d.h., zwischen dem fiktiven Bruttoprodukt $\hat{v}$ und dem dazugehörigem Produktionsverbrauch $\lambda\hat{v}$ besteht Proportionalität.
Für genau dasselbe λ gelten die Preisgleichungen (5.13) und (5.16).
Wegen (5.21) und (5.22) erhält man

$$\lambda\hat{v} = \hat{v}\xi \leq q\xi = x, \tag{5.23}$$

das heißt,

$$\lambda\hat{v} \leq x \ . \tag{5.24}$$

Der durch $\hat{v}$ fiktiv verursachte Verbrauch ist eine Teilmenge des tatsächlichen Verbrauchs x. M.a.W.: Würde die Teilmenge $\lambda\hat{v}$ aus x zur Produktion verwendet, entstünde ein Bruttoprodukt $\hat{v}$, das in dem realen Bruttoprodukt q enthalten wäre. In der realen Produktionsstruktur ist demnach die *harmonische Produktionsstruktur* $\hat{v}$ eingebettet; der dazugehörige Preis p würde für die identische Reproduktion dieser Struktur mit Gewinn sorgen (siehe 5.16!) .
Der Gewinn dieses Teilsystems - gemessen durch Profitrate mal Kosten - entspricht dem 'Wert' des (fiktiven) Surplusprodukts

$$\hat{s} = \hat{v} - \lambda\hat{v} = (1-\lambda)\hat{v} = \varepsilon\,\hat{v} \ , \tag{5.25}$$

wobei wegen (5.16)

$$\varepsilon = 1 - \lambda = \lambda R \tag{5.26}$$

ist; die 'Bewertung' des Surplusprodukts (5.25) mit dem Preisvektor p ergibt nämlich:

---

5 Nicht zu verwechseln mit dem Vektor für das variable Kapital v, der in der Werttheorie eine Rolle spielt.

$$\hat{s}p = \varepsilon\hat{v}p = R\lambda\hat{v}p. \qquad (5.27)$$

Dies ist der Profit, wie er sich bei einem Verbrauch $\lambda\hat{v}$ mit den Kosten $\lambda\hat{v}p$ ergäbe. ε ist wie oben der Anteil der Profitmasse $\hat{s}p$ am 'Wert' des Bruttoprodukts $\hat{v}p$ - diesmal aber auf die harmonische Produktionsstruktur bezogen. Genauer gesagt ist $\hat{v}$ die größte, in q enthaltene, harmonische Produktionsstruktur. Sie ist einer 'Bewertung' durch einen Preisvektor fähig, ohne auf Widersprüche zu führen. Der entsprechende Preis würde ermöglichen, die gleiche Struktur immer wieder erneut zu reproduzieren. Vor allem aber ermöglicht (5.25) eine Darstellung des Verhältnisses ε allein anhand der gebrauchswertmäßig-stofflichen Struktur $\hat{s}$ und $\hat{v}$. Das Surplusprodukt hat dieselbe Struktur wie das Bruttoprodukt, und ε gibt den Faktor an, mit dem letzteres zu multiplizieren ist, um den Surplus zu erhalten.

5.3. DIE DURCH DEN PREIS BEWIRKTE DISTRIBUTION

Wir untersuchen nun die Verhältnisse, die durch den Preis bewirkt werden, vor allem die Verteilung des Surplusproduktes.

Vor der Verteilung (am Ende einer Produktionsperiode) ist die Situation gebrauchswertmäßig durch die Matrix

$$Q - X \qquad (5.28)$$

und preismäßig durch

$$(Q - X)P \qquad (5.29)$$

charakterisiert. Jede einzelne Position in den Matrizen (5.28) und (5.29) gibt das gebrauchswertmäßige bzw. 'wertmäßige'[6] Resultat des Produktionsprozesses an und kann eine positive, negative oder verschwindende Größe sein. Um das Nettoprodukt der Zweige zu erhalten, hätten wir anstelle der Matrix P nur den Vektor p benutzen müssen:

[6] Sicherheitshalber soll noch einmal hervorgehoben werden: Ich spreche hier der Kürze halber von 'Werten', obwohl es sich um Werte handelt, die in Preisen ausgedrückt werden. Um den Unterschied des 'Bewertens' mit dem Preisvektor von dem mit dem Wertevektor deutlich zu machen, werden die entsprechenden Ausdrücke mit einfachen Hochkommas versehen, da es sich nicht um die wissenschaftliche, sondern um die umgangssprachliche Bedeutung des Wertbegriffes handelt.

$$n = (Q - X)p. \tag{5.30}$$

Das Nettoprodukt ist 'wertmäßig' nichts weiter als die Differenz zwischen dem erzielten Preis des Produkts und den Kosten. Davon unterschieden ist im allgemeinen die 'Bewertung' des Surplusprodukts, da letzteres vom gesamtgesellschaftlichen Verbrauch einer Ware, und nicht nur von den Kosten innerhalb eines Zweiges, abhängt:

$$sP = e(Q - X)P. \tag{5.31}$$

Nach dem Austausch der Waren aufgrund der Preise muß - im Gleichgewicht jedenfalls - aller Bedarf befriedigt und das Surplusprodukt anteilmäßig verteilt worden sein.
Betrachten wir zuerst anhand der Matrix (5.28), welcher Bedarf zu befriedigen ist! Alle negativen Elemente innerhalb einer Spalte signalisieren einen Bedarf an entsprechenden Gebrauchswerten, der durch das einzige positive Element der betreffenden Spalte befriedigt werden muß. Dem Ausgleich zwischen Angebot und Nachfrage käme die Multiplikation jener Matrix mit dem Vektor e gleich. Übrig bliebe das Surplusprodukt, und zwar an der Stelle, an der es produziert worden ist. Unter Umständen ist das Surplusprodukt eines einzelnen Zweiges auch gleich Null, nach unserer Voraussetzung *ökonomischer Lebensfähigkeit* (siehe das 2. Kapitel!) aber niemals negativ. In diesem Prozeß der Bedarfsbefriedigung durch Verteilung der Produkte fließen 'Werte' (ausgedrückt in Preisen) von den Produzenten ab. In den Händen der Produzenten bleibt in dieser Hinsicht nur der 'Wert' des Surplusprodukts - falls dieses bei der Verteilung nicht ganz und gar verschwindet.
Auf der anderen Seite fließen den Produzenten in Form von Produktions- und Lebensmitteln 'Werte' zu, und zwar in Höhe der vormaligen Kosten.
Der preismäßige Umfang des Zuflusses muß nicht notwendig mit dem des Abflusses von 'Werten' durch den Verkauf der Produkte übereinstimmen. Deshalb hinterläßt die technologisch und konsumtiv bedingte Bedarfsbefriedigung einen Zustand, indem es Schuldner und Gläubiger gibt. Für den Ausgleich dieser Differenzen steht das gesamtgesellschaftlich erzeugte Surplusprodukt zur Verfügung. Konkret bedeutet das, daß auch diejenigen Produzenten, denen nach der Bedarfsbefriedigung kein eigenes Surplusprodukt mehr bleibt, in dem Maße an dem insgesamt erzeugten Surplusprodukt partizipieren, wie sie zur Produktion des Nettoprodukts n beigetragen haben.
Am besten stellt man sich die Situation nach der Bedarfsbefriedigung so vor, daß das gesamte Surplusprodukt in einen einzigen 'Topf' geworfen und dann zwischen allen Zweigen verteilt wird, und zwar gemäß ihrem Anteil am Nettoprodukt. Zu-

nächst bestimmen wir den 'Wert' des gesamten Surplusprodukts. Nach (5.20) ist dieser durch

$$q(E-\xi)p = sp \tag{5.32}$$

gegeben. Andererseits folgt aus (5.30)

$$en = e(Q-X)p = eQ(E-\xi)p = q(E-\xi)p\,. \tag{5.33}$$

Vergleicht man beide Gleichungen, erhält man

$$en = sp\,. \tag{5.34}$$

Gesamtgesellschaftlich gesehen stimmt somit der 'Wert' des Surplusprodukts mit dem aufsummierten 'wertmäßigen' Nettoprodukt überein.
Dieses soll nun 'gerecht' über die verschiedenen Zweige verteilt werden.
Gebrauchswertmäßig kann der Prozeß der Verteilung des Surplusprodukts durch die Verteilungsmatrix S beschrieben werden: das Element s_{ij} gibt dabei an, wieviel vom Surplusprodukt des Zweiges j dem i-ten Industriezweig als Wertausgleich zugeordnet werden muß. Die Verteilungsmatrix muß folgende Forderungen erfüllen:
(i) Gebrauchswertmäßig wird genau das Surplusprodukt verteilt, das heißt, es muß gelten:

$$eS = s. \tag{5.35}$$

(ii) 'Wertmäßig' wird genau das Nettoprodukt verteilt. Da der 'Wert' des Surplusprodukts gleich dem Nettowert ist, ist diese Bedingung auf gesamtgesellschaftlicher Ebene automatisch mit (5.35) erfüllt.
(iii) Jeder Zweig bekommt einen Anteil am Surplusprodukt, der dem dort produzierten Nettowert entspricht.
Das Nettoprodukt ist durch (5.30) gegeben. Wie man leicht sieht, tritt kein negativer Nettowert auf:

$$n = (Q-X)p = Q(E-\xi)p = \varepsilon Qp\,. \tag{5.36}$$

Hierbei ist (5.19) benutzt worden.
Der Anteil jedes Zweiges am gesellschaftlich erzeugten Surplusprodukt soll sich nach dem *verhältnismäßig* erzeugten Nettoprodukt richten. Insgesamt, d.h. von

allen Zweigen, ist ein Nettowert von *en* erzeugt worden. Wir bilden die Diagonalmatrix

$$N = \{n(en)^{-1}\} , \tag{5.37}$$

auf deren Hauptdiagonale der jeweilige Anteil an der 'Nettowertschöpfung' aufgelistet wird. Außerdem bilden wir eine Matrix mit n Spaltensummen-Vektoren e und bezeichnen sie mit $\widehat{E}$:[7]

$$\widehat{E} = \begin{Vmatrix} e \\ e \\ \cdot \\ \cdot \\ \cdot \\ e \end{Vmatrix} = \begin{Vmatrix} 1 & 1 & \dots & 1 \\ 1 & 1 & \dots & 1 \\ \cdot & & & \\ & & \cdot & \\ & & & \cdot \\ 1 & 1 & \dots & 1 \end{Vmatrix} \tag{5.38}$$

Damit kann man eine Matrix B bilden, bei der auf jeder Zeile der Surplusvektor s steht:

$$B = \widehat{E}(Q - X) . \tag{5.39}$$

Nach diesen Vorüberlegungen definieren wir nun die spezielle Verteilungsmatrix S. Es sei:

$$S = NB . \tag{5.40}$$

Diese spezielle Matrix beschreibt eine 'gerechte' Verteilung des Surplusprodukts *nach* der Bedarfsbefriedigung, und zwar eine Verteilung, bei der jeder Zweig einen 'gerechten' Anteil an allen Elementen des Surplusproduktvektors erhält. Wir zeigen jetzt, daß die aufgestellten Forderungen erfüllt werden:
(i) Durch die Matrix S wird das gesamtgesellschaftliche Surplusprodukt verteilt - nicht mehr, aber auch nicht weniger: Mit $eN = n^T(en)^{-1}$ und $n^T\widehat{E} = (en)e$ ergibt sich

$$eS = eNB = n^T(en)^{-1}B = n^T(en)^{-1}\widehat{E}(Q - X) = e(Q - X) = s . \tag{5.41}$$

---

[7] Hier tritt der mißliche Umstand auf, daß n sowohl den Nettoproduktvektor als auch die Dimension der Volkswirtschaft bezeichnet. Der Leser beachte deshalb bitte den jeweiligen Kontext!

Also gilt (5.35).
(ii) Da der 'Wert' des Surplusprodukts gleich dem des Nettoprodukts ist, wird genau 'Wert' im Umfang von *en* verteilt.
(iii) Die Zweige erhalten 'wertmäßig' ein Surplusprodukt von *Sp*. Es gilt:

$$Sp = NBp = N\hat{E}(Q - X)p = N\hat{E}n = n \ , \tag{5.42}$$

das heißt, der 'Wert' des den Zweigen zugeteilten Surplusprodukts entspricht dem von und in ihnen produzierten 'Nettowert'.
Eine marktwirtschaftliche Verteilung wird etwas anders vor sich gehen. Vom Erlös $(Qp)_i$ wird sich jeder Zweig *i* zunächst einen Ersatz für die verbrauchten Produktions- und Lebensmittel anschaffen, dies im 'Werte' von $X_i p$. Es verbleibt der erzielte Profit $X_i pR$ - gegebenenfalls in Form des selbst erzeugten Produkts. Die entsprechende Kaufkraft wird sich auf das Surplusprodukt richten, das sich nun noch auf dem Markt befindet, aber wahrscheinlich wohl nicht auf die ganze Palette des Angebots, sondern auf die jeweils favorisierten Teile. Es werden geradezu mit Notwendigkeit Engpässe und Überschüsse bestimmter Sorten auftreten, die den Gleichgewichtspreis *p* verzerren. Die Gültigkeit der Sraffa-Preise erfordert deshalb die Zwangsaufteilung des Surplusprodukts nach dem Schema, das die Matrix *S* darstellt.
Ich fasse zusammen: Der Preisvektor ermöglicht einen Austauch, der es gestattet, die Produktionsbedingungen wiederherzustellen. Mit Hilfe derselben Preise lassen sich die durch die Bedarfsbefriedigung hinterlassenen Aktiva und Passiva 'bewerten'. Erforderlich ist sodann ein Mittel, Aktiva und Passiva auszugleichen. In der geldlosen Theorie Sraffas kann diese Rolle das Surplusprodukt spielen, wenn es nach dem obigen Schema *S* unter die verschiedenen Zweige aufgeteilt wird.

5.4. Zerlegbare Produktion mit zwei Sektoren

Angenommen, die Matrix *X* läßt sich durch gleichzeitiges Permutieren von Zeilen und Spalten in die folgende Form bringen:

$$X = \begin{Vmatrix} X^{11} & 0 \\ X^{21} & X^{22} \end{Vmatrix} . \tag{5.43}$$

Dabei sind X^{11} und X^{22} quadratische Blöcke,[8] und es wird angenommen, daß der rechteckige Block X^{21} mindestens ein Element enthält, das nicht verschwindet. Man sagt in diesem Fall, daß die Matrix X (nicht vollständig) zerlegbar ist. (Analoges gilt für die Matrix ξ.) Die Produktionsstruktur weist dann Eigentümlichkeiten auf, die im folgenden dargestellt werden sollen.
Der Bruttoprodukt-Vektor q, der Vektor des Gesamtverbrauchs x und der Preisvektor p bestehen unter diesen Umständen aus zwei Untergruppen:

$$\begin{aligned} q &= \left[q^1, q^2\right], \\ x &= \left[x^1, x^2\right], \\ p &= \left(p^1, p^2\right). \end{aligned} \tag{5.44}$$

(Man beachte in diesem Kontext die Bedeutung hochgestellter Indizes!) Die Gleichungen für den Verbrauch und die Preise zerfallen jeweils in zwei Untersysteme:

$$q\xi = \left[q^1\xi^{11} + q^2\xi^{21}, q^2\xi^{22}\right] = \left[x^1, x^2\right] = x \; , \tag{5.45}$$

$$\xi p = \left(\xi^{11}p^1, \xi^{21}p^1 + \xi^{22}p^2\right) = \left(\lambda^1 p^1, \lambda^2 p^2\right) . \tag{5.46}$$

Da die Matrix ξ zerlegbar ist, kann p nicht mehr so ohne weiteres als nicht-negativer Eigenvektor dieser Matrix angenommen werden. Angesichts der Gleichung (5.46) fragt es sich, ob eine einheitliche Profitrate λ überhaupt noch existiert. - Um dies festzustellen, untersucht man die verschiedenen Fälle, die sich aus der Belieferung des Sektors (2) mit Produkten des Sektors (1) ergeben.
Der Verbrauch an Produkten des ersten Sektors ist

$$x^1 = q^1\xi^{11} + q^2\xi^{21} \; . \tag{5.47}$$

Er wird durch die Produktion in beiden Sektoren verursacht. Oder, m.a.W. ausgedrückt, die Produkte des Sektors (1) werden in *beiden* Sektoren verbraucht. Anders verhält es sich mit den Produkten des zweiten Sektors. Für sie besteht im ersten Sektor keinerlei Bedarf (weder als Produktions- noch als Lebensmittel). Der Verbrauch an Produkten des Sektors 2 erfolgt ausschließlich und allein in diesem Sektor:

---

[8] Daß dies nicht nur möglich, sondern auch eine realistische Hypothese über die Verbrauchsstruktur ist, ist im Abschnitt 2.7. gezeigt worden.

$$x^2 = q^2\xi^{22} . \tag{5.48}$$

Die Produktion im Sektor (1) ist folglich gebrauchswertmäßig unabhängig von den Produkten des zweiten Sektors, während umgekehrt der Sektor (2) die Produkte des ersten Sektors als Produktions- oder Lebensmittel benötigt. Wegen der Verzichtbarkeit der Produktion im zweiten Sektor, bezeichnet Sraffa sie als *Luxusgüterproduktion.*[9]
Für ökonomisch lebensfähige Systeme muß gelten:

$$s^1 = q^1 - x^1 \geq 0 , \tag{5.49}$$

$$s^2 = q^2 - x^2 \geq 0 . \tag{5.50}$$

Wir unterscheiden jetzt zwischen *intrasektoralem Überschuß* und *Surplusprodukt*. Letzteres ist soeben definiert worden. Zieht man von den Produkten des ersten Sektors lediglich den Eigenverbrauch ab, erhält man den Überschuß dieses Sektors (1):

$$ü^1 = q^1 - q^1\xi^{11} . \tag{5.51}$$

Von diesem Überschuß muß der Produktionsverbrauch im zweiten Sektor bestritten werden. Es gilt:

$$\begin{aligned} s^1 &= q^1 - x^1 = q^1 - q^1\xi^{11} - q^2\xi^{21} = ü^1 - q^2\xi^{21} \geq 0 \\ ü^1 &\geq q^2\xi^{21} . \end{aligned} \tag{5.52}$$

Die letzte Gleichung stellt eine Bedingung für die maximale Größe des Bruttoprodukts im Sektor (2), also der Luxusgüterproduktion, dar.
Theoretisch treten nun folgende Fälle auf:
1. Fall: Einfache Reproduktion im Sektor (1). - In diesem Fall ist der Verbrauch in (1) schon so groß wie das ganze Produkt, also $ü^1 = 0$. Luxusproduktion ist nicht möglich.
2. Fall: Der Zweig (1) läßt einen Überschuß $ü^1 \geq 0$, aber dieser Überschuß wird vom Sektor (2) völlig verbraucht:

9 Das stimmt mit der von uns in Anlehnung an L.v.Bortkiewicz eingeführten Charakterisierung des 3. Sektors überein. Da Sraffa den Verbrauch von Produktions- und Lebensmitteln nicht differenziert, fallen die im 2. Kapitel unterschiedenen ersten beiden Sektoren zusammen.

$$\ddot{u}^1 = q^2 \xi^{21} . \tag{5.53}$$

Hier sind zwei Unterfälle denkbar, die wir sofort behandeln werden:
Fall 2.1: Der Sektor (2) hat einen so hohen Eigenverbrauch an seinem eigenen Produkt, daß kein Surplus auftritt:

$$q^2 = q^2 \xi^{22} . \tag{5.54}$$

Der Sektor (1) hat in diesem Unterfall - für sich betrachtet - zwar einen Profit, da formal

$$\xi^{11}(1+R)p^1 = p^1 \tag{5.55}$$

gilt, aber es gibt nach der Befriedigung des Bedarfs in (2) nichts mehr zu verteilen, da $s=0$ ist:

$$s = q - x = \left[q^1, q^2\right] - \left[q^1\xi^{11} + q^2\xi^{21}, q^2\xi^{22}\right] = [0,0] . \tag{5.56}$$

Hierbei sind (5.52), (5.53) und (5.54) benutzt worden. In diesem speziellen Fall existiert für das System kein einheitlicher Preisvektor mehr: ξ^{11} hat die charakteristische Wurzel $\lambda^1 \prec 1$, während für ξ^{22} die charakteristische Wurzel $\lambda^2 = 1$ ist: Auf den Sektor (1) können die voranstehenden Überlegungen mit (5.55) als Resultat angewandt werden, für den Sektor (2) gilt (5.54). Formal ergibt die Preisgleichung (5.46), ausführlich geschrieben:

$$(1+R^1)\xi^{11}p^1 = p^1 , \tag{5.57}$$

$$(1+R^2)\xi^{21}p^1 + (1+R^2)\xi^{22}p^2 = p^2 . \tag{5.58}$$

Während (5.57) ein Eigenwertproblem darstellt, ist das bei (5.58) nicht der Fall. Es kann leicht bewiesen werden, daß diese Gleichung unter den gegebenen Bedingungen sogar unerfüllbar ist. Dazu multiplizieren wir sie mit q^2:

$$(1+R^2)q^2\xi^{21}p^1 + (1+R^2)q^2\xi^{22}p^2 = q^2p^2 . \tag{5.59}$$

Berücksichtigen wir (5.54), ziehen von beiden Seiten der entstehenden Gleichung q^2p^2 ab und beachten, daß in diesem Spezialfall (5.53) gilt, so erhält man:

$$(1+R^2)\ddot{u}^1p^1 + R^2q^2p^2 = 0 . \tag{5.60}$$

Diese Gleichung kann nicht einmal dann erfüllt werden, wenn $R^2 = 0$ gesetzt wird, da $\ddot{u}^1 p^1 \succ 0$ ist. - Das Fehlen einer einheitlichen Profitrate bedeutet ökonomisch gesehen, daß der im 1. Sektor theoretisch mögliche Profit praktisch nicht realisiert werden kann, weil es gesamtgesellschaftlich kein verteilbares Surplusprodukt gibt.

Fall 2.2: Es gelte zwar (5.53), das heißt der Überschuß des ersten Sektors wird im zweiten Sektor vollständig verbraucht, aber im Sektor (2) werde ein Surplus produziert, das verteilt werden kann:

$$s^2 = q^2 - q^2 \xi^{22} \geq 0 \ . \tag{5.61}$$

Die charakteristische Wurzel von ξ^{22} nennen wir

$$\lambda^2 = \frac{1}{1+R^2}, \tag{5.62}$$

wobei

$$0 \prec \lambda^2 \prec 1 \tag{5.63}$$

ist.[10] Versuchen wir, ein einheitliches Gleichungssystem für beide Sektoren aufzustellen! Es hätte wieder die Form

$$(1+R)\xi p = p \ , \tag{5.64}$$

und lautet für die beiden Sektoren getrennt geschrieben:

$$(1+R)\xi^{11} p^1 = p^1 \ , \tag{5.65}$$

$$(1+R)\xi^{21} p^1 + (1+R)\xi^{22} p^2 = p^2 \ . \tag{5.66}$$

In diesem Fall würde (5.65) nicht nur den Preis der Produkte des ersten Sektors determinieren, sondern auch die Profitrate R des ganzen Systems. Um zu sehen, welche Probleme dies im zweiten Sektor aufwirft, formen wir (5.66) um:

$$(1+R)\xi^{21} p^1 = \left[E - (1+R)\xi^{22}\right] p^2 \ . \tag{5.67}$$

---

10 Man beachte, daß der hochgestellte Index hier nicht die Potenz, sondern die Sektorennummer bezeichnet, auf die sich die Größe bezieht!

Auf der linken Seite stehen die Produktions- und Lebensmittelkosten pro Produkt, die durch den Verkauf eines Teils von q^2 an den Sektor (1) 'bezahlt' werden müssen, multipliziert mit einem Faktor, der den üblichen Profit berücksichtigt. D.h., man erwartet auch im zweiten Sektor einen gewissen Profit, der sich an den Kosten bemißt. Auf der rechten Seite steht der 'wertmäßige' Überschuß, der nach Abzug des Eigenbedarfs zuzüglich des üblichen Profits für den Kauf der Produktions- und Lebensmittel bleibt. Um festzustellen, ob in Sektor (2) ein hinreichend großer 'Wert' erwirtschaftet wird, um die vom ersten Sektor diktierten Gewinne zu begleichen, multiplizieren wir die obige Gleichung mit dem Eigenvektor v^2, der jetzt die größte harmonische Produktionsstruktur im zweiten Sektor darstelle:

$$v^2\xi^{22} = \lambda' v^2 \text{ , mit } \lambda' = \frac{1}{1+R'} \text{ .} \tag{5.68}$$

Es ergibt sich:

$$(1+R)v^2\xi^{21}p^1 = v^2p^2\left[1 - \frac{(1+R)}{1+R'}\right] \text{.} \tag{5.69}$$

Da auf der linken Seite eine positive Zahl steht, muß auch die rechte Seite größer als Null sein. Das erfordert:

$$R' \succ R \text{ oder } \lambda' \prec \lambda \text{ .} \tag{5.70}$$

Die charakteristische Wurzel λ' der Matrix ξ^{22} muß folglich kleiner sein als das für das gesamte System gültige λ, damit die an den Kosten der Produktions- und Lebensmittel und der Gesamtprofitrate R bemessenen Gewinne bezahlt werden können. Ist diese Bedingung erfüllt, existiert ein einheitlicher, positiver Preisvektor für das gesamte System.

Analysieren wir noch kurz, wie sich der Preisvektor auf die Verteilung des Surplusprodukts auswirkt!

Vor dem Austausch (und nach der Produktion) ist die Situation gebrauchswertmäßig durch

$$Q - X = \begin{Vmatrix} q^1 - q^1\xi^{11}, & 0 \\ -q^2\xi^{21} & ,q^2 - q^2\xi^{22} \end{Vmatrix} = \begin{Vmatrix} \ddot{u}^1, & 0 \\ -\ddot{u}^1, & s^2 \end{Vmatrix} \tag{5.71}$$

und 'wertmäßig' durch

$$n = (Q - X)p = \begin{Vmatrix} \ddot{u}^1 p^1 \\ s^2 p^2 - \ddot{u}^1 p^1 \end{Vmatrix} \tag{5.72}$$

charakterisiert. Es ist

$$\hat{E}(Q - X) = \begin{Vmatrix} 0\,, s^2 \\ 0\,, s^2 \end{Vmatrix} . \tag{5.73}$$

'Bewertet' man mit der Matrix

$$N = \begin{Vmatrix} \frac{\ddot{u}^1 p^1}{s^2 p^2}, & 0 \\ 0 & ,1 - \frac{\ddot{u}^1 p^1}{s^2 p^2} \end{Vmatrix} \tag{5.74}$$

so ergibt sich für die Verteilungsmatrix

$$S = \begin{Vmatrix} 0 & , \frac{\ddot{u}^1 p^1}{s^2 p^2} s^2 \\ 0 & ,\left(1 - \frac{\ddot{u}^1 p^1}{s^2 p^2}\right) s^2 \end{Vmatrix} . \tag{5.75}$$

Das bedeutet: Der Sektor (1) erhält einen Anteil am Surplusprodukt vom Sektor (2). Paradoxerweise wird nun in (1) doch das Produkt von (2) verbraucht, aber dieser Verbrauch ist nicht produktionsnotwendig!

3. Fall: Der Überschuß $\ddot{u}^1$ wird durch den Bedarf des zweiten Sektors nur teilweise in Anspruch genommen, das heißt, es existiert ein Surplus

$$s^1 \geq 0 . \tag{5.76}$$

Der einzige Unterschied zum letzten Fall besteht darin, daß dieser Surplus auch noch verteilt werden kann. Die Gleichungen zur Bestimmung der Preise ändern sich nicht.

5.5. SRAFFAS "EXPLIZITE DARSTELLUNG DER ARBEIT"[11]

Bisher ist die Matrix X als Summe des Lebensmittel- und Produktionsmittelverbrauches definiert worden. Für eine explizite Darstellung der Arbeit müßte man diese Summe wieder auftrennen und beide Verbrauchsanteile separat untersuchen. Es wäre auch möglich, die bisherige Betrachtungsweise beizubehalten und zusätzlich die Verteilung des Surplusprodukts zwischen Arbeit und Kapital (man denke beispielsweise an die hochentwickelten Industriestaaten, in denen Teile der Arbeitnehmerschaft höchstwahrscheinlich am Surplusprodukt partizipieren) zu untersuchen. Sraffa deutet diese Möglichkeit an, beschreitet dann aber einen anderen Weg: die Verbrauchsmatrix X wird auf den Produktionsmittelverbrauch Z reduziert und der Verbrauch der Lebensmittel durch die lohnabhängig Beschäftigten aus dem Surplus bestritten.[12] Da es sich in diesem Abschnitt in erster Linie um eine Rekonstruktion handelt, folgen wir ihm auf diesem Weg.
Werden der Lohn und die Verteilung der Arbeit explizit ausgewiesen, mutiert die Preisgleichung in die folgende Form:

$$(1+r)\zeta p+\widehat{w}\widehat{l}=p\,. \qquad (5.77)$$

Hierbei ist r die (variable) Profitrate, $\widehat{w}$ die Lohnrate und $\widehat{l}$ ein vektorielles Maß für die Verteilung der Arbeitskräfte auf die einzelnen Zweige, das sich mit Hilfe der Notation, die im 2. Kapitel entwickelt worden ist, folgendermaßen schreibt:

$$\widehat{l}=Q^{-1}l^T\,,\quad \text{mit } l=eL\,^{13}. \qquad (5.78)$$

Multipliziert man (5.77) von links mit q, bedenkt, daß $q\zeta=z$ ist, und bezeichnet die Gesamtzahl der Beschäftigten mit

$$\widehat{L}=e\,l^T\,, \qquad (5.79)$$

so erhält man unter Berücksichtigung von (5.78):

$$(1+r)z\,p+\widehat{w}\widehat{L}=qp\,. \qquad (5.80)$$

---

[11] Zur Erläuterung der Anführungszeichen verweise ich auf die Abschnitte 5.8. und 5.9.

[12] Vgl. P. Sraffa: Warenproduktion mittels Waren. A.a.O. S.28 f.

[13] Sraffas Original-Normierung würde lauten: $\widehat{l}=Q^{-1}\left(el^T\right)^{-1}l^T$. $\widehat{l}_i$ wäre demnach der arbeitskräftemäßige Anteil des i-ten Zweiges an der Gesamtzahl der Arbeitskräfte je Bruttoprodukteinheit. Per definitionem gilt bei dieser Normierung: $q\widehat{l}=1$. Aus Gründen der Übersichtlichkeit wähle ich hier eine andere Normierung.

Es muß wieder eine Fallunterscheidung vorgenommen werden.
1. Fall: Einfache Reproduktion, d.h. es sei $q=z$. Angewandt auf (5.80) erzwingt dies

$$r=0 \quad \cap \quad w=0 \,. \tag{5.81}$$

Da angenommen worden ist, daß sämtliche Lebensmittel über die Lohnrate verteilt werden, diese aber Null ist, können die Beschäftigten nichts konsumieren. Dieser Fall ist ökonomisch offenbar nicht sinnvoll.
(Anders verhielte es sich, wenn der Lebensmittelverbrauch über die separate Verbrauchsmatrix χ berücksichtigt worden wäre. Dann müßte zwischen Arbeit und Kapital nur noch das Surplusprodukt aufgeteilt werden. Das wäre hier zwar gleich Null, aber die Produktion könnte stattfinden, da der notwendige Lebensunterhalt gesichert wäre.)
2. Fall: Produktion mit Surplus. Es gilt:

$$s=q-z\geq 0 \tag{5.82}$$

und damit

$$sp=qp-zp=en\succ 0 \,. \tag{5.83}$$

Das Nettoprodukt kann nun zwischen Arbeit und Kapital verteilt werden. In welchem Maße - das hängt von den Parametern r und $\hat{w}$ ab. Ihre Relation zueinander wird über die Preisgleichung (5.80) geregelt. Nach Umstellen dieser Gleichung und Berücksichtigung von (5.83) ergibt sich:

$$rzp+\hat{w}\hat{L}=en \,. \tag{5.84}$$

Nach dieser Formel bestimmt sich der Anteil von Kapital (zp) und Arbeit ($\hat{w}\hat{L}$) am Nettowert bzw. 'Wert' des Surplusprodukts s. Ist $r=0$, erhält jeder Beschäftigte einen aliquoten Anteil am Nettoprodukt (Sraffa spricht vom "Nationaleinkommen"[14]):

$$\hat{w}=\frac{en}{\hat{L}} \,. \tag{5.85}$$

Ist dagegen im anderen Extremfall $\hat{w}=0$, würde gelten:

---

[14] Vgl. z.B. P Sraffa: Warenproduktion mittels Waren. A.a.O. §12.

$$r = R = \frac{en}{zp} \; . \tag{5.86}$$

Die maximale Profitrate R ist das Verhältnis zwischen Nettowert *en* und Kapital *zp*.

Bevor wir die Relation zwischen Profitrate und Lohnrate weiter untersuchen, müssen wir uns der allgemeinen Lösung der Preisgleichung (5.77) zuwenden. Eine einfache Umstellung ergibt:

$$p = \hat{w}\left[E - (1+r)\zeta\right]^{-1}\hat{l} \; . \tag{5.87}$$

Für den darin enthaltenen inversen Operator existiert eine Reihenentwicklung, wenn

$$-R - 2 \prec r \prec R \tag{5.88}$$

angenommen werden kann.[15] Ökonomisch sinnvoll ist jedoch nur

$$0 \leq r \prec R \; . \tag{5.89}$$

Definiert man

$$\hat{p} = \frac{p}{\hat{w}} \tag{5.90}$$

als den "Preis in kommandierter Arbeit" (er gibt an, wie lange man arbeiten muß, um die entsprechende Ware bezahlen zu können), so gilt die Reihenentwicklung:

$$\hat{p} = \hat{l} + (1+r)\zeta\hat{l} + (1+r)^2\zeta^2\hat{l} + \ldots \tag{5.91}$$

Setzt man die Profitrate gleich Null, erhält man

$$\hat{p} = \hat{l} + \zeta\hat{l} + \zeta^2\hat{l} + \ldots \tag{5.92}$$

Schefold behauptet,[16] $\hat{p}$ sei in diesem Fall gleich den Arbeitswerten: $\hat{l}$ ist der direkte Arbeitsaufwand, $\zeta\hat{l}$ der in den Produktionsmitteln verkörperte Arbeits-

---

[15] Vgl. F.R. Gantmacher. Bd.1. A.a.O. S.104.

[16] Vgl. P. Sraffa: Warenproduktion mittels Waren. A.a.O. S.221 f. - Damit bringt Schefold Sraffas Aussagen der §§ 14 ff. auf den Punkt.

aufwand, $\zeta^2\hat{l}$ der Produktionsaufwand der vorangegangenen Periode, usw. - Abgesehen von der nicht akzeptablen *historischen Interpretation* der Preisbestimmung, erscheint diese Auslegung plausibel, da der nach (5.92) bestimmte Preis eine Formel erfüllt, die für die Arbeitswerte zu gelten scheint:

$$\hat{p} = \hat{l} + \zeta \hat{p} \tag{5.93}$$

D.h., der (wertadäquate) Preis setzt sich aus der Arbeitsmenge und dem Wert der verbrauchten Produktions- und Lebensmittel zusammen. Ob und inwieweit diese Gleichung zutrifft, werden wir weiter unten untersuchen.- Allerdings sind die Preise nur für *r=0* 'wertadäquat'. Da sie sich mit wachsendem *r* im allgemeinen erhöhen, sich ihr Verhältnis zueinander aber auch ändert, interessiert die Frage, unter welchen Bedingungen der Preis als konstant angenommen werden kann. Von dem trivialen Fall, daß der Preis einer einzelnen Ware als Maßeinheit fixiert wird, soll dabei abgesehen werden.

5.6. Konstante, 'Wert'adäquate Preise

Es ist $p = p(r)$ und $\hat{w} = \hat{w}(r)$. Unter welchen Bedingungen ist $p = const.$? Eine notwendige Bedingung für konstante Preise besteht darin, daß die erste Ableitung der Preise nach der Profitrate gleich Null ist: $p'(r) = 0$. Wir differenzieren die Preisgleichung (5.77) nach *r* und erhalten:

$$p' = (1+r)\zeta p' + \zeta p + \hat{w}'\hat{l} \,. \tag{5.94}$$

Einfache Umformungen ergeben:

$$p' = \left[E - (1+r)\zeta\right]^{-1}\left(\zeta p + \hat{w}'\hat{l}\right). \tag{5.95}$$

Da $r \prec R$ ist, kann man den inversen Operator in dieser Gleichung in eine unendliche Reihe entwickeln:

$$p' = \left(\hat{w}'\hat{l} + \zeta p\right) + (1+r)\zeta\left(\hat{w}'\hat{l} + \zeta p\right) + (1+r)^2\zeta^2\left(\hat{w}'\hat{l} + \zeta p\right) + \ldots \tag{5.96}$$

Wegen der im allgemeinen anzunehmenden linearen Unabhängigkeit der Matrizen $E, \zeta, \zeta^2, \ldots$ ist dann und nur dann $p'(r) = 0$, wenn

$$\hat{w}'\hat{l} + \zeta p = 0 \tag{5.97}$$

ist. Den Preisvektor p substituieren wir mit Hilfe der Preisgleichung (5.87). Dann ergibt sich:

$$\hat{w}'\hat{l} + \zeta\hat{w}\left[E - (1+r)\zeta\right]^{-1}\hat{l} = 0 \ . \tag{5.98}$$

Der inverse Operator in dieser Gleichung läßt sich unter den bereits angegebenen Bedingungen in eine Reihe entwickeln, er kann also als ein Matrizenpolynom bzw. eine Polynommatrix

$$F(\mu)\big|_{\mu=\zeta} = F(\zeta) \tag{5.99}$$

betrachtet werden. Folglich gilt die Kommutativregel:

$$\zeta F(\zeta) = F(\zeta)\zeta \ . \tag{5.100}$$

Wir können somit ζ in (5.98) mit dem inversen Operator vertauschen. Nach einigen trivialen Umformungen erhält man:

$$\zeta\hat{l} = \left(1 + r - \hat{w}/\hat{w}'\right)^{-1}\hat{l} \ , \tag{5.101}$$

das heißt, $\hat{l}$ muß in diesem Fall Eigenvektor der Matrix ζ sein. Andererseits gilt für jeden positiven Eigenvektor der unzerlegbaren Matrix ζ:

$$\zeta\hat{l} = (1+R)^{-1}\hat{l} \ . \tag{5.102}$$

Aus einem Vergleich zwischen (5.101) und (5.102) folgt, daß

$$R = r - \hat{w}/\hat{w}' \tag{5.103}$$

oder

$$\hat{w}/\hat{w}' = r - R \tag{5.104}$$

sein muß. Sowohl $\hat{w}$ als auch $\hat{w}'$ sind bislang noch unbekannte Funktionen von r. Angenommen, $\hat{w}$ ist ein Polynom von r mit der höchsten Potenz n. Dann gilt

$$\hat{w}(r) = a_0 r^n + a_1 r^{n-1} + ... + a_n \ . \tag{5.105}$$

Die erste Ableitung ist

$$\hat{w}'(r) = n a_0 r^{n-1} + (n-1) a_1 r^{n-2} + ... + a_{n-1} \ . \tag{5.106}$$

Für den Quotienten erhält man

$$\frac{\hat{w}}{\hat{w}'} = \frac{r}{n} \quad \text{Rest } \phi(r) \text{ der Ordnung } r^{n-1} \ . \tag{5.107}$$

Wegen (5.104) muß $n=1$ sein. Also ist

$$\hat{w}'(r) = const. \tag{5.108}$$

Mit diesem Zwischenergebnis im Hinterkopf setzen wir unsere Überlegungen mit der Gleichung (5.103) fort. Diese Gleichung gilt für alle r im Definitionsbereich, also auch für $r=0$. Dafür kennen wir aber die Größe von $\hat{w}$ bereits (siehe 5.85!). Setzen wir diese Gleichung in (5.103) bei $r=0$ ein, hat man für R:

$$R = -\frac{en}{L\hat{w}'} \ , \tag{5.109}$$

woraus sofort

$$\hat{w}' = -\frac{en}{RL} = const. \tag{5.110}$$

folgt. Dieser Ausdruck gilt dann aber für alle r, da - nach den obigen Überlegungen - die erste Ableitung von $\hat{w}$ konstant ist. Einsetzen in (5.103) und einfache Umformungen ergeben

$$\hat{w}(r) = \frac{en}{L}\left(1 - \frac{r}{R}\right) . \tag{5.111}$$

$\hat{w}$ ist eine lineare Funktion von r, die mit wachsendem r abnimmt und schließlich zu Null wird, wenn die maximale Profitrate R erreicht worden ist.

Wir überprüfen jetzt, ob p tatsächlich konstant ist, wenn $\hat{l}$ ein Eigenvektor der Matrix ζ ist, d.h., ob dieser Fakt, falls er zufälligerweise einmal vorliegt, eine hinreichende Bedingung für konstante Preise wäre.

Wenn $\hat{l}$ Eigenvektor ist, gilt:

$$p = \hat{w}\left[E-(1+r)\zeta\right]^{-1}\hat{l}$$

$$= \hat{w}\left[E+(1+r)\zeta+(1+r)^2\zeta^2+\ldots\right]\hat{l}$$

$$= \hat{w}\left[E+\frac{(1+r)}{(1+R)}+\frac{(1+r)^2}{(1+R)^2}+\ldots\right]\hat{l}$$

$$= \hat{w}\left(1-\frac{1+r}{1+R}\right)^{-1}\hat{l}$$

$$= \frac{\hat{w}(1+R)}{R-r}\hat{l} \qquad (5.112)$$

Setzt man jetzt die Funktion (5.111) ein, ergibt sich

$$p = \frac{en(1+R)}{LR}\hat{l} = const. \qquad (5.113)$$

Wenn $\hat{l}$ Eigenvektor ist, sind demnach die Preise für alle r dieselben und 'wert'adäquat. Daß die Verteilung der Arbeitskräfte $\hat{l}$ gerade so beschaffen ist, daß Sraffas 'Wert'theorie auch für $r \neq 0$ gilt, kann natürlich nur als zufällig auftretender Sonderfall angenommen werden. Identifiziert man Sraffas 'Werte', die nichts anderes sind als Preise für $r = 0$, mit denen der Marxschen Werttheorie, erscheint die Gültigkeit der letzteren auf eben jenen Spezialfall beschränkt zu sein. Und die folgenden Überlegungen zur Konstruktion einer Standardware erscheinen unter dieser Voraussetzung als eine echte Erweiterung des Wirkungsbereiches der 'wert'theoretischen Analyse.
Im allgemeinen ist $\hat{l}$ jedoch kein Eigenvektor von ζ. In diesem Fall muß man die (notwendige) Bedingungsgleichung (5.97) auf andere Weise erfüllen.

5.7. DIE STANDARDWARE UND IHRE INNEREN NOTWENDIGKEITEN

Jetzt gehen wir davon aus, daß $\hat{l}$ kein Eigenvektor von ζ ist. Die notwendige Bedingung für konstante Preise $p'(r) = 0$ gilt in erster Näherung, wenn für alle Koordinaten i der Gleichung (5.97)

$$-\hat{w}'=\frac{\zeta_i p}{\hat{l}_i} \qquad (i=1,...,n) \tag{5.114}$$

ist. Für die zweite Näherung muß

$$-\hat{w}'=\frac{\zeta_i \zeta p}{\zeta_i \hat{l}} \qquad (i=1,...,n) \tag{5.115}$$

sein (siehe Reihenentwicklung 5.96!). p'_i verschwindet, wenn für alle Näherungen gilt:

$$-\hat{w}'=\frac{\zeta_i p}{\hat{l}_i}=\frac{\zeta_i \zeta p}{\zeta_i \hat{l}}=\frac{\zeta_i \zeta^2 p}{\zeta_i \zeta \hat{l}}=...=\frac{\zeta_i \zeta^{\hat{n}} p}{\zeta_i \zeta^{\hat{n}-1} \hat{l}}=... \tag{5.116}$$

Diese Reihe von Bedingungen ist für eine einzelne Warenart nur zufällig erfüllbar. Man kann aber einen *Komplex von Waren* $\hat{d}$ (Sraffas Standardware) finden, deren Preis insgesamt bei Änderungen von r konstant bleibt. Für diesen Komplex müßte

$$\hat{d}p'=0 \tag{5.117}$$

sein. Dies setzt voraus, daß

$$-\hat{w}'=\frac{\hat{d}\zeta p}{\hat{d}\hat{l}}=\frac{\hat{d}\zeta^2 p}{\hat{d}\zeta \hat{l}}=\frac{\hat{d}\zeta^3 p}{\hat{d}\zeta^2 \hat{l}}=...=\frac{\hat{d}\zeta^{\hat{n}+1} p}{\hat{d}\zeta^{\hat{n}} \hat{l}}=... \tag{5.118}$$

erfüllt wird, oder anders geschrieben, daß

$$-\hat{w}'=\frac{\hat{d}\zeta^{\hat{n}+1} p}{\hat{d}\zeta^{\hat{n}} \hat{l}} \quad \text{für } \hat{n}=0,1,2,... \tag{5.119}$$

gilt. Wir eliminieren p durch (5.87) und formen um:

$$-\hat{w}'\hat{d}\zeta^{n}\hat{l}=\hat{d}\zeta\hat{w}[E-(1+r)\zeta]^{-1}\zeta^{n}\hat{l} \tag{5.120}$$

oder

$$0=\hat{d}\left\{\zeta[E-(1+r)\zeta]^{-1}\hat{w}+\hat{w}'E\right\}\zeta^{\hat{n}}\hat{l} \quad \text{für } \hat{n}=0,1,2,... \tag{5.121}$$

Im allgemeinen muß man davon ausgehen, daß der Operator

$$\zeta^{\hat{n}}\,\hat{l} \quad \text{für } \hat{n} = 0,1,2,... \tag{5.122}$$

genau n linear unabhängige Vektoren erzeugt. Um die Gleichung (5.121) zu erfüllen, muß deshalb im allgemeinen schon der Vektor vor diesem Operator verschwinden:

$$\hat{d}\left\{\zeta[E-(1+r)\zeta]^{-1}\hat{w}+\hat{w}'E\right\}=0\ . \tag{5.123}$$

Einige Umformungen ergeben

$$\hat{d}\zeta=(1+r-\hat{w}/\hat{w}')^{-1}\hat{d}\ , \tag{5.124}$$

das heißt, $\hat{d}$ muß Eigenvektor von ζ sein. Dann ist wieder wie in (5.103)

$$R=r-\hat{w}/\hat{w}'\ . \tag{5.125}$$

In Analogie zu den Überlegungen im letzten Abschnitt können wir schließen, daß (i) $\hat{w}'(r)=const.$ und (ii) folglich die lineare Beziehung (5.111) gilt.
Abschließend überprüfen wir, ob der Preis des Warenkorbs $\hat{d}$ tatsächlich konstant ist, wenn er die Struktur eines Eigenvektors der Matrix des Produktionsmittelverbrauchs ζ hat:

$$\begin{aligned}
\hat{d}p &= \hat{w}\hat{d}[E-(1+r)\zeta]^{-1}\hat{l} \\
&= \hat{w}\hat{d}\left[E+(1+r)\zeta+(1+r)^2\zeta^2+...\right]\hat{l} \\
&= \hat{w}\left[E+\frac{(1+r)}{(1+R)}+\frac{(1+r)^2}{(1+R)^2}+...\right]\hat{d}\,\hat{l} \\
&= \hat{w}\left(1-\frac{1+r}{1+R}\right)^{-1}\hat{d}\,\hat{l} \\
&= \frac{\hat{w}(1+R)}{R-r}\hat{d}\,\hat{l}\ .
\end{aligned} \tag{5.126}$$

Setzt man nun wieder die Beziehung für $\hat{w}$ ein, ergibt sich:

$$\hat{d}p = \frac{en(1+R)}{LR}\hat{d}\hat{l} = const. \tag{5.127}$$

Der Preis der Standardware ist für alle r derselbe, und zwar nicht einfach deshalb, weil er künstlich als Preismaßstab fixiert worden wäre, sondern aufgrund seiner Struktur; insbesondere entspricht er dem Sraffaschen 'Wert', was aber insofern nicht viel bedeutet, da für Aussagen über die Wertestruktur mindestens eine weitere Ware gegeben seine müßte, deren Preis dem Wert entspricht. Allerdings lassen sich über Preise, die in der Standardware ausgedrückt werden, eindeutige Aussagen machen: Ihre Veränderung mit variierender Profitrate r entspringt aus der zugrunde liegenden Produktionsstruktur und nicht aus Veränderungen des Wertmaßes.

Bei $r \neq 0$ entfernen sich die Preise der einzelnen Waren immer mehr von der Wertestruktur. Wird ihr Einheitsmaß durch die Standardware definiert, können wir Preisabweichungen nach oben und nach unten beobachten, deren Summe sich zu Null ausgleicht, da der Preis der Standardware konstant ist. Auf diese Weise ist es also möglich, die (gewichtete) Preisstruktur mit der zugrunde liegenden 'Werte'-Struktur zu vergleichen - vorausgesetzt, diese wird wirklich durch den Fall r=0 erfaßt.

Wie findet man nun den Vektor $\hat{d}$? Oben haben wir die größte, in q enthaltene, harmonische Produktionsstruktur $\hat{v}$ kennengelernt. Wir definieren:

$$\hat{d} = \frac{en}{vQ^{-1}n} v(E-\zeta) \ . \tag{5.128}$$

Es läßt sich zeigen, daß dieser Vektor (i) Eigenvektor von ζ ist und (ii) eine Standardware darstellt, deren (konstanter) Preis gleich dem Nationaleinkommen ist.

(i) $\hat{d}$ ist Eigenvektor:

$$\hat{d}\zeta = \frac{en}{vQ^{-1}n} v(E-\zeta)\zeta = \frac{en}{vQ^{-1}n} v\zeta(E-\zeta)$$

$$= \frac{1}{(1+R)} \frac{en}{vQ^{-1}n} v(E-\zeta) = \frac{1}{1+R}\hat{d} \ . \tag{5.129}$$

(ii) Der Preis der Standardware ist:

$$\hat{d}p = \frac{en}{vQ^{-1}n} v(E-\zeta)p = \frac{en}{vQ^{-1}n} vQ^{-1}Q(E-\zeta)p$$

$$= \frac{en}{vQ^{-1}n} vQ^{-1}n = en \,. \tag{5.130}$$

Was zu beweisen war.

5.8. Kritik der Produktionspreistheorie Sraffas

Aus der Sicht der AQT ist vor allem zu fragen, ob der Anspruch, daß die von *Sraffa* konstruierten Preise bei $r=0$ die Werte darstellen, zurecht erhoben wird oder nicht. Denn daß für $r \neq 0$ die Produktionspreise im allgemeinen nicht *wertadäquat* sein können, trifft für Straffas Theorie genauso wie für die Marxsche zu.[17] Genauer gesagt gilt diese Alternative nur bei vorausgesetzter *einheitlicher* Profitrate. Zweigspezifische Profitraten $r_i \neq 0$ sind durchaus mit wertadäquaten Preisen verträglich. Die hier zu beantwortende Frage lautet also exakt: Ist der Produktionspreis, der per definitionem eine einheitliche Profitrate impliziert, bei $r=0$ wertadäquat?
Die werttheoretische Grundgleichung (3.32) lautet:

$$\left(E-\zeta-\gamma\Pi^{-1}\chi\right)w = 0 \,. \tag{5.131}$$

Oder, etwas umgeformt:

$$w = \gamma\Pi^{-1}\chi w + \zeta w \,. \tag{5.132}$$

Daraus erhielte man eine zu (5.93) analoge Bedingungsgleichung für die Arbeitswerte

$$w = \hat{l} + \zeta w, \tag{5.133}$$

wenn man

$$\gamma\Pi^{-1}\chi w = \hat{l} \tag{5.134}$$

17 "Wertadäquat" sind Preise dann, wenn der Preisvektor proportional zum Wertevektor ist.

setzen und diese Größe als Arbeitsinput interpretieren könnte. Um dies zu überprüfen, setzen wir die Definition (5.78) ein, multiplizieren mit Q und berücksichtigen von den gebrauchswertmäßigen Zusammenhängen vor allem die Definition der Produktivitätsmatrix (2.13) und ihrer Inversen (2.15) in der Fassung von (2.28); wir erhalten mit der sich daraus ergebenden Identität $Q\Pi^{-1} = HL$:

$$\gamma H L \chi w = Le^T . \tag{5.135}$$

Um Mißverständnissen vorzubeugen: selbstverständlich ist diese Gleichung im allgemeinen *nicht* gültig. Es sind mehrere rigorose Vereinfachungen erforderlich, um die linke Seite so zu reduzieren, daß beide Seiten tatsächlich miteinander übereinstimmen.

(i) Der Vektor χw, der einerseits ein Ausdruck für den Wert der Durchschnittsarbeitskräfte der verschiedenen Zweige ist und andererseits die unterschiedlichen (zweigspezifischen) Kompliziertheitsgrade der Arbeit determiniert, geht in den Zeilensummenvektor e^T multipliziert mit dem Wert einer in allen Zweigen gleichen Durchschnittsarbeitskraft w_{AK} über, wenn man vereinfachend *homogene Arbeit* voraussetzt - was Sraffa explizit ausweist.[18]

(ii) Nicht ausgewiesen wird bei Sraffa dagegen, daß in seinem Modell eine für alle Arbeiter einheitliche Arbeitszeit η vorausgesetzt werden muß. Nur unter dieser Bedingung kann man nämlich die in der Matrix H enthaltene Information auf die eines Skalars reduzieren (siehe Gleichung 2.31!).

Mit Hilfe dieser vereinfachenden Modellannahmen läßt sich Gleichung (5.135) auf die folgende Form bringen:

$$Le^T \gamma \eta w_{AK} = Le^T . \tag{5.136}$$

(iii) Um diese Beziehung in einem letzten Schritt auf Identität zu bringen, muß der von einer Arbeitskraft geschaffene Neuwert auf Eins normiert werden:

$$\gamma \eta w_{AK} = 1 . \tag{5.137}$$

Diese Normierung erscheint sicherlich nicht als sonderlich problematisch, wenn man die beiden Vereinfachungen (i) und (ii) bereits akzeptiert hat und den Fakt bedenkt, daß der Wertevektor *bis auf eine skalare Größe* eindeutig ist. - Daß tatsächlich der Neuwert normiert wurde, kann man - als Nebeneffekt - der folgenden Überlegung entnehmen:

---

[18] Vgl. P. Sraffa: Warenproduktion mittels Waren. A.a.O. §10.

Die problematische Gleichung (5.135) läßt sich auch noch folgendermaßen notieren:

$$\gamma T \chi w = l^T . \tag{5.138}$$

Hierbei ist (2.25) benutzt worden. Man wird sich daran erinnern, daß der Ausdruck auf der linken Seite mit dem Neuwert identisch ist (siehe 3.15!), und so ergibt sich

$$w_{neu} = l^T \tag{5.139}$$

als konzentrierter Ausdruck der (m.E. allzu) groben Vereinfachungen, die man an der Arbeitsquantentheorie vornehmen müßte, um die Sraffasche Werttheorie akzeptieren zu können. Diese umfassen neben den oben aufgeführten Punkten folgende, miteinander zusammenhängende Aspekte:
(iii) der qualitative Unterschied zwischen dem Wert als vergegenständlichter Arbeit und der lebendigen Arbeit wird ignoriert;
(iv) der gesellschaftlich einheitliche Maßstab für die Verausgabung von Arbeit ist die Arbeitskraft, unterschiedliche Arbeitsinputs können nur anhand unterschiedlicher Beschäftigtenzahlen differenziert werden: die Arbeitszeit fällt als Maß für die Menge verausgabter Arbeit weg;
(v) der Wert wird folglich unmittelbar in Beschäftigtenzahlen gemessen.
(vi) Anknüpfend an die Definition der Merkmale einer *konsequenten* Bestimmungsgleichung der Werte (siehe Abschnitt 3.5!) läßt sich die Gleichung (5.133) als inkonsequenter werttheoretischer Ansatz charakterisieren: Der Wertevektor ist teilweise direkt von einer Größe der naturalen Verflechtungsstruktur (nämlich von $\hat{l}$) determiniert und in diesem Sinne "inkonsequent". Inkonsequente Ansätze sind streng genommen gar keine *werttheoretischen* Ansätze, da sie die Werte vollständig auf die untergeordnete Struktur zurückführen. Das zeigt die Umformung der Gl. (5.133) zu

$$w = (E - \zeta)^{-1} \hat{l} . \tag{5.140}$$

Inkonsequente Ansätze sind demnach *reduktionistisch*. Leider stellt die aktuelle werttheoretische Diskussion weitgehend auf solche reduktionistischen Ansätze zur Bestimmung der Werte ab.[19] Die damit erzielten Ergebnisse können deshalb nur bedingt beanspruchen, Beiträge zur AQT zu sein.

---

19 Vgl. zum Beispiel G. Stamatis: The so-called Temporal Single System (TSS), the so-called Standard Simultaneous Methodology (SSM), and the correct definition of labour values. In:

Aber auch dann, wenn man nicht ganz so strenge Maßstäbe anlegt, dürfte klar sein, daß Sraffas Preistheorie selbst bei r=0 nur als ein grobes Analyseinstrument für die Wertstruktur angesehen werden kann. Bezogen auf das oben dargestellte, differenziertere mathematische Modell der AQT ist es, als wollte man die Genauigkeit einer Quarzuhr mit Hilfe einer Sonnenuhr bestimmen. Die Behauptung, mit Sraffas Theorie wäre das Transformationsproblem zwischen Preisen und Werten gelöst worden, könnte also bestenfalls eingeschränkt aufrechterhalten werden - wenn es nicht bereits die adäquatere Lösung von *Francis Seton* gäbe.
Am Ende dieses Kapitels wollen wir uns die Frage vorlegen, wie die Grenzen der Produktionspreistheorie in Richtung auf den heute tendenziell herrschenden politischen Preis gezogen werden können. Dabei soll vom Ansatz her eine im Vergleich zum neoricardianischen Modell realistischere Berücksichtigung des Lohnes als ein fester Bestandteil des Reproduktionsprozesses erfolgen.

5.9. Der politische Preis

Die Überschrift des Abschnittes 5.5. "Explizite Darstellung der Arbeit" ist in Anführungszeichen gesetzt worden, weil der von Sraffa verwendete Lohnbegriff eine Versorgung der Arbeiter aus dem Surplusprodukt unterstellt. Arbeiter, die umsonst arbeiten, und Unternehmer, die auf ihren wohlverdienten Profit verzichten, sind denkbare Alternativen dieses Modells. Realistischer ist die Darstellung der preismäßigen Struktur des Reproduktionsprozesses mit Hilfe der Gleichung (5.16), weil hier die Inputmatrix ξ die Kosten der Arbeitskräfte je Bruttoprodukt untilgbar enthält. Nach (5.4) und (5.1) gilt nämlich:

$$\xi = Q^{-1}X = Q^{-1}(Z+D) \; . \qquad (5.141)$$

Die Preisgleichung (5.16) läßt sich deshalb wie folgt schreiben:

$$(1+R)(\zeta + Q^{-1}D)p = p \qquad (5.142)$$

Unter Berücksichtigung der Identität

$$Q^{-1}D = \Pi^{-1}H^{-1}\chi \qquad (5.143)$$

Political Economy. 5/1999. S. 23 ff. Sowie T. Mariolis: The so-called Problem of Transforming Values into Prices. Ebd. S. 45 ff.

ergibt sich daraus

$$p = (1+R)(\zeta + H^{-1}\Pi^{-1}\chi)\,p. \tag{5.144}$$

R ist in dieser Preisgleichung der Maximalprofit, der bei dem gegebenen *Reallohn* der Arbeiterschaft

$$H^{-1}\Pi^{-1}\chi \tag{5.145}$$

erzielt wird. Dementsprechend sind - nach der Preisbestimmung - die fixen Lohnkosten je Wareneinheit des Bruttoproduktes für die verschiedenen Industriezweige durch den Ausdruck

$$H^{-1}\Pi^{-1}\chi\, p \tag{5.146}$$

(Nominallohn) gegeben.

Klarerweise ist der Profit nicht die einzige Form, unter der das Surplusprodukt angeeignet wird. Durch die Existenz von Steuern, Zinsen, Renten und anderen finanziellen Belastungen kann die maximale Profitrate R vom Durchschnittsunternehmer nicht mehr erreicht werden. In einer politischen Gesellschaft, die die verschiedenen Branchen ohne Rücksicht darauf belastet, ob das jeweilige Surplusprodukt weitergehende Ansprüche deckt, wird summa summarum eine gewisse Abgabe je Bruttoprodukteinheit verlangt, die sich - so wollen wir annehmen - aber doch im Rahmen des erwirtschafteten Profits bewegt. Auch wenn bei der Festsetzung der einzelnen Teile dieser Abgabe gewisse Gerechtigkeitsvorstellungen wie Höhe des Umsatzes, Anzahl der Beschäftigten, Höhe des Einkommens etc. zum Tragen kommen, kann nicht ausgeschlossen werden, daß nach Aufsummieren aller Abgaben die verschiedenen Zweige unterschiedlich belastet werden. Aus diesem Grund wird ein Abgaben-Vektor σ benötigt, der nun einen Teil der Kosten ausmacht, die von den Unternehmern auf den Preis umgelegt werden:

$$(1+r)(\zeta + Q^{-1}D)\,p + \sigma = p\,. \tag{5.147}$$

Es mag irritieren, daß σ als eine preismäßige Größe in eine Gleichung eingeht, auf deren Grundlage der Preis doch erst bestimmt werden soll. Ein solcher Ansatz ist dann gerechtfertigt, wenn die Festlegung von Steuern, Zinsen und Renten *vor* der Produktionsperiode erfolgt, in (oder nach) der sie gezahlt werden müssen, so daß sie als Kosten auftreten und dem Preis zugeschlagen werden können. Die Lösung der Preisgleichung hängt unter diesen Bedingungen entscheidend von den 'Abgaben' ab:

$$p = \left[E - (1+r)(\zeta + Q^{-1}D)\right]^{-1} \sigma \ . \tag{5.148}$$

Der Produktionspreis geht an dieser Stelle der Darstellung in den politischen Preis über, dessen wichtigste Implikationen hier nur kurz angedeutet werden können:

(i) Jede positive 'Abgabe' σ_i ist möglich und wälzt sich teils direkt auf den betroffenen Zweig teils indirekt - über die Verbrauchsmatrizen vermittelt - auf die gesamte Volkswirtschaft über.

(ii) Obwohl der politische Preis wesentlich arbiträr bestimmt ist, erscheint er als ein durch den Markt und 'das freie Spiel marktwirtschaftlicher Kräfte' vermittelter Preis, der im oben entwickelten Sinn eine 'gerechte' Verteilung des Surplusproduktes und die Wiederherstellung der Ausgangsbedingungen der Produktion garantiert - falls er vom Markt akzeptiert wird.

6. DAS TRANSFORMATIONSPROBLEM

Unter den wissenschaftlichen Problemen, die *Karl Marx* ungelöst hinterlassen hat, stellt das sogenannte "Transformationsproblem" eines der anspruchsvolleren dar. Es setzt eine begriffliche Unterscheidung voraus, die den meisten modernen Ökonomen kaum noch verständlich ist, nämlich die zwischen Werten und Preisen. Während die Werte der Waren auf ihren (gesellschaftlich notwendigen) Herstellungszeiten (einschließlich den der verbrauchten Produktionsmittel) basieren, setzen sich die Preise - wie heutzutage fast allgemein angenommen - aus den Kosten und dem Gewinn zusammen. Dabei wird bei *Marx* - so wie später bei *Sraffa* - unterstellt, daß sich der Gewinn tendenziell aus einer volkswirtschaftlich einheitlichen Profitrate und den Kosten ergibt. Betrachtet man die Volkswirtschaft als Ganzes, so läßt sich - wie wir gesehen haben - das Zusammenwirken der verschiedenen Markteilnehmer sowohl unter wertmäßigem als auch preismäßigem Aspekt betrachten. Beide Strukturen basieren auf einer dritten Struktur, der naturalen oder gebrauchswertmäßig-stofflichen Verflechtungsstruktur, die die Produktion, die Verteilung und den Verbrauch von Gütern und gegebenenfalls auch von Leistungen ohne irgendeine Bewertung durch Wert- oder Preisgrößen erfaßt.

Das Transformationsproblem, so wie es seit über 100 Jahren diskutiert wird, bezieht sich weniger auf reale Volkswirtschaften, sondern auf mehr oder weniger ausgefeilte mathematische Modelle, die in (mindestens) zwei Unterklassen eingeteilt werden können, von denen die eine (W) die Wertstruktur und die andere (P) die Preisstruktur einer Volkswirtschaft modelliert. Eine dritte Unterklasse (G) könnte durch die gebrauchswertmäßig-stoffliche Verflechtungsstruktur gebildet werden. Das Problem selbst besteht darin, die Modelle für die Wertstruktur in Modelle für die Preisstruktur zu überführen. Jede korrekte Lösung des Transformationsproblems besteht im Kern aus einer mathematisch eindeutigen Abbildung eines Modells der ersten Unterklasse (das eine bestimmte Wertstruktur darstellt) auf ein Modell der zweiten Unterklasse (das eine bestimmte Struktur der Produktionspreise darstellt). Die Angabe einer solchen mathematischen Funktion stellt das Minimum dar, das für die Lösung des (Marxschen) Problems der Ableitung der Preise aus den Werten gefordert ist. Darüber hinaus müssen einige weitere Bedingungen beachtet werden, die manchmal übersehen werden.

(i) Das Ausgangsmodell aus der Unterklasse W muß ein zulässiges Wertschema sein. Beschränkt man sich auf Marxsche Modelle, so ist eine einheitliche Mehrwertrate und die Erfüllung der reproduktiven Gleichgewichtsbedingungen zwischen den Produktmengen und dem gesamtgesellschaftlichen Verbrauch erforderlich.

(ii) Das zugeordnete Modell aus der Unterklasse P muß ein zulässiges Preisschema darstellen. Hierfür sind eine einheitliche Profitrate und die Erfüllung der reproduktiven Gleichgewichtsbedingungen notwendige Bedingungen.
(iii) Klarerweise ist eine Zuordnung der Werte einer Volkswirtschaft A zu den Preisen einer davon verschiedenen Volkswirtschaft B nicht das, worum es beim Transformationsproblem gehen kann – eine solche Zuordnung wäre niemals als "Problem" angesehen worden. Die beiden durch die Abbildung (Transformation) einander zugeordneten Modelle müssen sich also auf ein- und dieselbe Volkswirtschaft beziehen (Identitätspostulat).
(iv) Die Transformation sollte ursprünglich noch gewisse zusätzliche Invarianzpostulate erfüllen, beispielsweise die folgenden: (a) Summe der Mehrwerte = Summe der Profite; (b) Summe der Werte = Summe der Preise aller Waren. *Bortkiewicz'* berühmt gewordene Lösung (siehe Abschnitt 6.3!) verletzt mindestens eines der beiden Postulate. Spätestens seit *Francis Seton* ist klar, daß im allgemeinen (a) und (b) nicht gleichzeitig erfüllt werden können.[1] Darüber hinaus kann man noch andere Invarianzpostulate konstruieren, für die es aber kein objektives Auswahlkriterium gibt.
Hierin liegt nun eine der "Standardkritiken" an *Marx'* eigener Lösung des Transformationsproblems begründet (im dritten Band des "Kapital" zu finden): Die beiden Invarianzpostulate (a) und (b) lassen sich nur in einigen unbedeutenden Spezialfällen zugleich erfüllen, im allgemeinen muß man sich aber für nur eines von ihnen (oder ein ganz anderes) entscheiden. Marx dagegen hielt an beiden fest.
Eine andere Kritik betrifft die Vollständigkeit der Umrechnung von Werten in Preise: es ist nicht einzusehen, warum bestimmte Güter (wie die Produktionsmittel) von der Produktionspreisbildung ausgenommen sein sollen (Marx' Kostpreis-Irrtum).
Das sind - in äußerster Kürze - wesentliche Ergebnisse einer über 100-jährigen Diskussion, die unterschiedlichste Lösungsvorschläge hervorgebracht hat. Trotzdem sich die Relevanz des Themas nach der Meinung vieler inzwischen erledigt hat, taucht doch hin und wieder ein neuer Vorschlag auf, der beansprucht, eine bisher nicht bedachte Alternative gefunden zu haben. Dies zeugt von dem intellektuellen Reiz, den jenes Problem selbst auf diejenigen ausübt, die es für bedeutungslos halten. Mit wachsendem Abstand zu den Zeiten der intensiveren Debatten steigt dabei die Gefahr, daß grundlegende Merkmale, die das Transformationsproblem kennzeichnen, übersehen werden, und daß deshalb zu unrecht Vorschläge als Lösungen passieren. Eines dieser grundlegenden Merkmale stellt das selten explizit formulierte *Identitätspostulat* dar. Man könnte es als eine Triviali-

[1] Vgl. Francis Seton: The "Transformation Problem". In: Review of Economic Studies. Bd.24 (1956/7). S.149 ff.

tät betrachten, wenn es nicht ernstgemeinte Vorschlägen gäbe, die es verletzen. Bei der folgenden Rekonstruktion bedeutender Meilensteine der Diskussion soll deshalb das Identitätspostulat stets besonders betont werden.

6.1. WOLFGANG MÜHLPFORDT

Dieser Autor stellt bereits 1893 in seiner Dissertation folgendes System von Gleichungen zur Bestimmung der Umwandlungsfaktoren der Werte in Preise auf:[2]

$$\begin{aligned} x_0\Pi(W_1) &= a_{11}\Pi(W_1)+a_{12}\Pi(W_2)+\dots \\ x_0\Pi(W_2) &= a_{21}\Pi(W_1)+a_{22}\Pi(W_2)+\dots \\ &\dots \\ x_0\Pi(W_n) &= a_{n1}\Pi(W_1)+a_{n2}\Pi(W_2)+\dots \end{aligned} \tag{6.1}$$

Hierbei bedeuten die Koeffizienten "$a_{p1}, a_{p2},\dots$ die Bruchteile der verschiedenen Warenmengen $W_1, W_2,\dots$, welche zur Erzeugung der ganzen Warenmenge W_p erforderlich waren."[3] Sie sind also identisch mit den viel später eingeführten Input-Koeffizienten einer Leontief-Matrix. Die Funktionen $\Pi(W_i)$ stehen in diesem Kontext für die Preise der verschiedenen Waren. Diese Preise setzen sich aus den Werten $a_1, a_2,\dots,a_n$ - Mühlpfordt spricht genauer gesagt von Herstellungszeiten[4] - und den Umrechnungsfaktoren für die Werte in Preise $x_1, x_2,\dots,x_n$ in folgender Weise zusammen:

$$\Pi(W_i) = a_i x_i\,. \tag{6.2}$$

Auch wenn der Autor nicht exakt diese Formel notiert, substituiert er die Preise in dem obigen System doch genau durch diese Beziehungen und erhält:

$$\begin{aligned} x_0 a_1 x_1 &= a_{11}a_1x_1 + a_{12}a_2x_2+\dots \\ x_0 a_2 x_2 &= a_{21}a_1x_1 + a_{22}a_2x_2+\dots \\ &\dots \\ x_0 a_n x_n &= a_{n1}a_1x_1 + a_{n2}a_2x_2+\dots \end{aligned} \tag{6.3}$$

---

2 Vgl. W. Muehlpfordt: Preis und Einkommen in der privatkapitalistischen Gesellschaft. Inaugural-Dissertation. Königsberg 1893. S.26.

3 Ebd. S.25.

4 Vgl. ebd. S.24.

In völlig klarer Weise werden in diesem Gleichungssystem die drei Strukturaspekte einer Volkswirtschaft berücksichtigt: der gebrauchswertmäßig-stoffliche Aspekt durch die Inputkoeffizienten a_{ij}, der wertmäßige Aspekt durch die Herstellungszeiten a_j und die Preise durch die Umrechnungsfaktoren x_j, die zugleich die zu bestimmenden Unbekannten des Gleichungssystems sind. Die rechten Seiten stellen also die Kostpreise dar, die noch mit dem Faktor $1+p$ multipliziert werden müssen, um die Produktionspreise zu erhalten, wobei p die einheitliche Profitrate darstellt. Dieser Zusammenhang wird in dem obigen Gleichungssystem durch x_0 ausgedrückt, das implizit mit Hilfe der Formel

$$p = \frac{1}{x_0} - 1 \qquad (6.4)$$

definiert wird.[5] Um die $n+1$ Unbekannten bestimmen zu können, fügt Mühlpfordt noch eine weitere Gleichung hinzu, die die Identität zwischen Wertsumme und Preissumme ausdrückt:[6]

$$a_1 x_1 + a_2 x_2 + \ldots + a_n x_n = a_1 + a_2 + \ldots + a_n \ . \qquad (6.5)$$

Nachdem er also eine notwendige mathematische Lösungsbedingung für das Gleichungssystems berücksichtigt hat - die Anzahl der Gleichungen muß gleich der Anzahl der Unbekannten sein -, versichert uns der Autor: "Damit sind dieselben bestimmt..."[7]

Mit einer solchen "Lösung" wären wir heute nicht mehr zufrieden, nachdem man weiß, daß die Voraussetzungen für die Lösung solcher Gleichungssysteme mathematisch etwas komplizierter sind (die Gleichungen dürfen nicht linear voneinander abhängig sein oder widersprüchliche Forderungen darstellen). Die Lösung selber ist bei *Mühlpfordt* auch nicht explizit angegeben worden, wenngleich man unterstellen darf, daß dem Autor vielleicht eine Lösung durch die Gaußsche Eliminationsmethode vorschwebte.

Dogmengeschichtlich ist aber entscheidend, daß Mühlpfordts bereits 1893 (also lange vor *L.v.Bortkiewicz'* berühmter Artikelserie[8]) ein Gleichungssystem zur Lösung des Transformationsproblems aufgestellt hat, und zwar für eine n Sektoren

---

5 Vgl. ebd. S.26. x_o ist also mit λ des 5. Kapitels identisch.

6 Vgl. ebd.

7 Ebd.

8 Vgl. L. v. Bortkiewicz: Wertrechnung und Preisrechnung im Marxschen System. In: Archiv für Sozialwissenschaften und Sozialpolitik. Bd. 23 und 25, 1906 und 1907. Sowie ders.: Zur Berichtigung der grundlegenden theoretischen Konstruktion von Marx im 3. Band des "Kapital". In: Jahrbücher für Nationalökonomie und Statistik. Bd.34. 1907.

umfassende Volkswirtschaft - was wir dann erst wieder bei *Seton* 1956 finden.[9] Das oben erwähnte Identitätspostulat ist erfüllt: die Werte a_i der Waren ein- und derselben Sorte i werden mit ein- und demselben Umrechnungsfaktor x_i multipliziert, um die Preise $\Pi(W_i)$ zu erhalten. Werte und Preise sind hier zwei verschiedene Strukturen, die auf dieselben Waren angewandt werden.

6.2. Francis Seton

Immer wieder mißlich ist die Tatsache, daß unterschiedliche Autoren verschiedene Symboliken verwenden. Sicher, die Notation läßt sich vereinheitlichen! Dabei geht aber die unmittelbare Vergleichbarkeit mit den Originalen verloren. In diesem Kapitel, das sich stark historisch orientiert und in dem es darauf ankommt, Nähe und Ferne der vorgeführten Lösungen vor Augen zu führen, habe ich mich dafür entschieden, weitgehend die Notation der Urheber beizubehalten. Das verpflichtet darauf, den Zusammenhang mit der bisher benutzten Notation immer wieder zu verdeutlichen. Das soll einleitend geschehen:
Zur Unterscheidung des 'naturalen' Überschusses von anderen 'Überschüssen', die in der AQT betrachtet werden, wie zum Beispiel dem Mehrwert oder dem Profit, ist im 2. Kapitel der Begriff des Surpluses eingeführt worden, und zwar anhand der Definition

$$s = q - z - d\,. \tag{6.6}$$

Mit Hilfe dieser Definition ist dann der Begriff der ökonomischen Lebensfähigkeit eines Systems durch die Ungleichung

$$s \geq 0 \tag{6.7}$$

definiert worden. Durch diese Formel wird eine hinreichende Bedingung für die ökonomische Lebensfähigkeit einer im betrachteten Zeitraum bevölkerungsmäßig nahezu statischen Gesellschaft zum Ausdruck gebracht. Man kann die ökonomische Lebensfähigkeit auch so formulieren: Das Bruttoprodukt muß mindestens so groß sein wie der durch die Produktion und der durch den Konsum der Arbeiter verursachte Verbrauch zusammengenommen. Der dann noch verbleibende Über-

---

9 Vgl. M.C. Howard / J.E. King: Dr. Mühlpfort, Professor von Bortkiewicz and the "transformation problem". In: Cambridge Journal of Economics. 1987. Bd.11. S.265-268. Sowie F. Quaas: Wolfgang Mühlpfordt - ein Vorgänger von Bortkiewicz? In: Jahrbücher für Nationalökonomie und Statistik. Stuttgart 1991. Bd. 208. S.493-504.

schuß stellt das für die Produktion nicht unbedingt erforderliche Surplusprodukt dar. Es gilt

$$z + d + s = q \ . \tag{6.8}$$

Den notwendigen Verbrauch von Produktions- und Lebensmitteln fassen wir wie im 1. Abschnitt des 5. Kapitels durch die Matrix des absoluten Verbrauchs $X = Z + D$ zusammen. Dann ergibt sich in vektorieller Schreibweise:

$$x + s = q \ . \tag{6.9}$$

Die einzelnen Komponenten des Vektors x sind die Spaltensummen der kombinierten Matrix X

$$eX = x, \tag{6.10}$$

und sie haben die folgende ökonomische Bedeutung: Für jede Gebrauchswertsorte muß der produktionstechnisch bedingte Verbrauch über alle Zweige addiert werden. Setzt man die Summanden aus (6.10) für x in Gleichung (6.9) ein, erhält man:

$$\begin{aligned} &x_{11} + x_{21} + \ldots + x_{n1} + s_1 = q_1 \\ &x_{12} + x_{22} + \ldots + x_{n2} + s_2 = q_2 \\ &\ldots \\ &x_{1n} + x_{2n} + \ldots + x_{nn} + s_n = q_n \end{aligned} \tag{6.11}$$

Jede Gleichung steht hier für einen anderen Gebrauchswert, oder anders ausgedrückt, die Summationen sind korrekt, weil in jeder Gleichung immer nur Gebrauchswerte derselben Sorte addiert werden. x_{11} ist zum Beispiel der Verbrauch von Gebrauchswerten der Sorte 1 im ersten Industriezweig, x_{21} der Verbrauch von Gebrauchswerten der Sorte 1 im zweiten Industriezweig, usw.

Sei nun w ein beliebiger Wertevektor, der nur die eine Bedingung erfüllen muß, nämlich ein positiver Vektor zu sein:

$$w \succ 0 \ . \tag{6.12}$$

Dann läßt sich jeder Gebrauchswert mit Hilfe von w bewerten. Wir bezeichnen das Produkt aus einer Verbrauchsziffer und dem dazugehörigen Wert als in Werten ausgedrückte Kosten:

$$w_k x_{ik} = k_{ik} \ . \tag{6.13}$$

k_{ik} sind also die im i-ten Industriezweig durch den Verbrauch von Produktions- und Lebensmitteln der Sorte k verursachten Kosten. Den Wert des in jedem Zweig übrigbleibenden Surplusprodukts bezeichnen wir mit

$$w_k s_k = e_k \ . \tag{6.14}$$

Und schließlich definieren wir noch den Wert des Bruttoprodukts des k-ten Zweiges durch

$$w_k q_k = a_k \ . \tag{6.15}$$

Mit diesen Definitionen läßt sich der substantiell *gebrauchswertmäßig-stoffliche* Zusammenhang (6.11) formal mit Hilfe der wertmäßigen Variablen der Kosten und der Werte des Surplusprodukts ausdrücken. Dazu multipliziert man die k-te Gleichung mit der k-ten Komponente des Wertevektors w, das heißt mit w_k, und setzt die Definitionen (6.13), (6.14) und (6.15) ein:

$$\begin{aligned} &k_{11} + k_{21} + ... + k_{n1} + e_1 = a_1 \\ &k_{12} + k_{22} + ... + k_{n2} + e_2 = a_2 \\ &... \\ &k_{1n} + k_{2n} + ... + k_{nn} + e_n = a_n \end{aligned} \tag{6.16}$$

Dies ist im wesentlichen das Gleichungssystem, das *Francis Seton* in seiner für das Transformationsproblem epochemachenden Schrift *The "Transformation Problem"* für die Struktur der untersuchten Volkswirtschaft in Anlehnung an Leontief aufschreibt.[10] Der einzige Unterschied besteht darin, daß Seton zusätzlich noch die Gleichung

$$s_1 + s_2 + ... + s_n = s \tag{6.17}$$

notiert, der man keinen Sinn abgewinnen kann. Gesetzt, es handele sich bei s_1, s_2 und s_n um dieselben Größen wie in unserem System (6.11), so wäre eine Zusammenfassung dieser Größen durch Summenbildung sinnlos, da sich unterschiedliche Gebrauchswerte nicht addieren lassen. Deutet man die Größen s_1, s_2 und s_n als bewertetes Surplusprodukt, so lassen sie sich zwar wie in (6.17) addieren,

[10] F. Seton: The "Transformation Problem". A.a.O. S.149-160.

aber man gerät in Konflikt mit dem System (6.16), in dem für das bewertete Surplusprodukt bereits die Größen e_1, e_2 und e_n verwendet werden.
Die hier praktizierte Ableitung des Gleichungssystems (6.16) macht klar, daß es sich - trotz des Ausdruckes in Werten - in ökonomischer Hinsicht um die Reproduktionsbedingungen der *naturalen Struktur* einer Volkswirtschaft handelt. Das System (6.16) muß also streng unterschieden werden von der werttheoretischen Grundgleichung, deren Lösung den Wertevektor determiniert. Desweiteren muß (6.16) von der Darstellung des Reproduktionsprozesses in Preisen unterschieden werden.
Für die Produktionspreise haben wir im 9. Abschnitt des 5. Kapitels die Gleichung (5.141) aufgestellt. Sie läßt sich auch so notieren:

$$(1+R)(Zp+Dp)=Qp \ . \tag{6.18}$$

Für diese Gleichung existiert nach Abschnitt 5.1. ein eindeutig bestimmbarer Vektor p, und R kann als (maximale) Profitrate interpretiert werden. Schreiben wir das letzte Gleichungssystem ausführlich und berücksichtigen die Definition (5.1.) der Verbrauchsmatrix X, so ergibt sich:

$$\begin{aligned} x_{11}p_1 + x_{12}p_2 + \ldots + x_{1n}p_n &= \rho q_1 p_1 \\ x_{21}p_1 + x_{22}p_2 + \ldots + x_{2n}p_n &= \rho q_2 p_2 \\ \ldots & \\ x_{n1}p_1 + x_{n2}p_2 + \ldots + x_{nn}p_n &= \rho q_n p_n \end{aligned} \tag{6.19}$$

mit

$$\rho = \frac{1}{1+R} \tag{6.20}$$

anstelle von λ. Das System (6.19) stellt nichts anderes als die Bestimmungsgleichungen für die Produktionspreise dar, die sich bei einer bestimmten gebrauchswertmäßig-stofflichen Struktur ergeben. Setons Beitrag zur Lösung des Transformationsproblems besteht nun darin, klar gemacht zu haben, daß das Transformationsproblem im Prinzip dasselbe Problem darstellt wie die Bestimmung der Preise in (6.19).
Gesetzt, die Preise der verschiedenen Güter lassen sich mit Hilfe ihrer Werte und eines (noch zu bestimmenden) Multiplikators p' berechnen, der die Werte in Preise "transformiert", indem man einfach

$$p_i = w_i p'_i \text{, für } i = 1,\ldots,n \tag{6.21}$$

schreibt, dann ergibt sich aus (6.19):

$$\begin{aligned} &x_{11}w_1p'_1+x_{12}w_2p'_2+...+x_{1n}w_np'_n=\rho q_1w_1p'_1 \\ &x_{21}w_1p'_1+x_{22}w_2p'_2+...+x_{2n}w_np'_n=\rho q_2w_2p'_2 \\ &... \\ &x_{n1}w_1p'_1+x_{n2}w_2p'_2+...+x_{nn}w_np'_n=\rho q_nw_np'_n \end{aligned} \tag{6.22}$$

Aufgrund der Definitionen (6.13) und (6.15) erhält man daraus:

$$\begin{aligned} &k_{11}p'_1+k_{12}p'_2+...+k_{1n}p'_n=\rho a_1p'_1 \\ &k_{21}p'_1+k_{22}p'_2+...+k_{2n}p'_n=\rho a_2p'_2 \\ &... \\ &k_{n1}p'_1+k_{n2}p'_2+...+k_{nn}p'_n=\rho a_np'_n \end{aligned} \tag{6.23}$$

Dies sind die Bestimmungsgleichungen für die Multiplikatoren p', die die Werte in Preise umwandeln. Wegen der Ähnlichkeit der beiden Gleichungssysteme (6.23) und (6.19) können wir die Multiplikatoren auch als eine Art von 'Preisen' bezeichnen, es handelt sich um die Preise je Werteinheit.

Um das Gleichungssystem (6.23) auf ein bekanntes mathematisches Problem zurückzuführen, teilt man jede Gleichung noch durch den Wert des jeweiligen Bruttoprodukts und - nachdem man wie *Seton* die Input-Koeffizienten $\kappa_{ik}=k_{ik}/a_i$ eingeführt hat - erhält man:

$$\begin{aligned} &(\kappa_{11}-\rho)p'_1+\kappa_{12}p'_2+...+\kappa_{1n}p'_n=0 \\ &\kappa_{21}p'_1+(\kappa_{22}-\rho)p'_2+...+\kappa_{2n}p'_n=0 \\ &... \\ &\kappa_{n1}p'_1+\kappa_{n2}p'_2+...+(\kappa_{nn}-\rho)p'_n=0 \end{aligned} \tag{6.24}$$

Eine nicht-triviale Lösung dieses Gleichungssystems erfordert, daß die dazugehörige Determinante gleich Null ist:

$$\begin{vmatrix} (\kappa_{11}-\rho) & \kappa_{12} & ... & \kappa_{1n} \\ \kappa_{21} & (\kappa_{22}-\rho) & ... & \kappa_{2n} \\ ... & & & \\ \kappa_{n1} & \kappa_{n2} & ... & (\kappa_{nn}-\rho) \end{vmatrix} = |K-\rho E| = 0 \tag{6.25}$$

ρ ergibt sich also als Lösung einer algebraischen Gleichung vom Grade n, der Determinante (6.25). Klarerweise unterscheidet sich die innere Struktur eines Preisvektors p von der eines Vektors der Preise je Werteinheit p', da beide die

Lösung unterschiedlicher Gleichungssysteme darstellen. Identisch für beide Gleichungssysteme ist allerdings der "Kostenfaktor" ρ, der sich als Lösung eines Eigenwertproblems ergibt. Darüber herrscht bei Seton völlige Klarheit: "Although the κ_{ij} are expressed in terms of *labour values*, their replacement by the corresponding *physical* coefficients κ_{ij} * would not alter the latent root ρ..."[11] Für die physischen Komponenten wurden hier allerdings die Symbole x_i verwendet.
Es dürfte klar sein, daß sich jede korrekte (d.h. auch ökonomisch sinnvolle) Transformation zwischen Werten und Preisen auf dasselbe ökonomische System beziehen muß. Die Identität der untersuchten Volkswirtschaft kann direkt anhand ihrer gebrauchswertmäßig-stofflichen Struktur festgestellt werden. Bei allen Ableitungen wurde deshalb in diesem Abschnitt dieselbe naturale Struktur unterstellt. Dies wird sichtbar beim Übergang vom Gleichungssystem (6.19) über (6.22) zu (6.23), bei dem die naturale Struktur in die dazugehörige bewertete Struktur überführt wurde. Die Identität des unterstellten ökonomischen Systems wird dadurch gesichert, daß bei der Transformation die Werte aller Güter derselben Sorte i mit demselben Faktor p_i' multipliziert werden, also w_1 mit p'_1, w_2 mit p'_2 usw. Gleichung (6.21) ist also der konzentrierte Ausdruck des Identitätspostulats. - Diese Bemerkung mag manchem trivial erscheinen, in der Diskussion über das Transformationsproblem findet man aber leider Beispiele dafür, daß irgendwelche Wert- und Preis-Strukturen hingeschrieben und ineinander transformiert werden, bei denen die Identitätsbedingung verletzt wird. Klarerweise können solche Vorschläge nicht als korrekte Lösung des Transformationsproblems angesehen werden. Im Abschnitt 6.4. wird ein Beispiel dafür gegeben.

6.3 Ladislaus von Bortkiewicz

Bortkiewicz galt lange Zeit als derjenige, der das Transformationsproblem zuerst korrekt formuliert und gelöst habe. Er tat dies unter vereinfachenden Annahmen, die sich an Marx' Einteilung der Volkswirtschaft in Sektoren anlehnen: Der 1. Sektor - repräsentiert durch die 1. Zeile der Input-Matrix - stelle nur Produktionsmittel her, also Güter, die in den anderen Sektoren ausschließlich als Arbeitsmittel oder als Rohstoffe konsumiert werden. Der 2. Sektor produziere die Lebensmittel der Arbeiter, und der 3. Sektor die von den Kapitalisten konsumierten Luxusgüter. Mit der Reduktion einer aus n Zweigen bestehenden Volkswirtschaft auf 3 Sektoren geht eine Verringerung der Anzahl der Zeilen und Spalten der Input-Matrix auf je 3 einher. Eine weitere Vereinfachung besteht darin, daß

[11] Ebd. S.151. Fußnote 3.

die Vermischung der Verwendungsweisen der verschiedenen Güter im Vektor $x = z + d$ jetzt durch die eindeutige Zuordnung von z zum ersten und von d zum zweiten Sektor rückgängig gemacht wird. Das Gleichungssystem (6.11) nimmt unter diesen Bedingungen folgende Form an:

$$\begin{aligned} z_{11} + z_{21} + z_{31} + s_1 &= q_1 \\ d_{12} + d_{22} + d_{32} + s_2 &= q_2 \\ x_{13} + x_{23} + x_{33} + s_3 &= q_3 \end{aligned} \tag{6.26}$$

Durch die Sektoreneinteilung tritt ein neues Problem auf: Nehmen wir an, die linke Seite beschreibt den gesamtgesellschaftlichen Verbrauch und den Überschuß in derselben Produktionsperiode, in der q_1 hergestellt wird! Es muß dann angenommen werden, daß der Überschuß der Produktionsmittel s_1 zumindest in der nächsten Periode über sämtliche Sektoren verteilt wird, und zwar so, daß damit eine Zunahme der Produktionsmittel-Verbrauchszahlen einhergeht. Diejenigen Teile des Surplusprodukts, die aus technologischen Gründen so nicht verwendet werden können, liegen brach. Man könnte in dieser Produktion für die Halde eine Störung des Gleichgewichts sehen, die durch Drosselung (oder Steigerung der Produktion an anderen Stellen) reguliert werden muß. Längerfristig bedeutet das, daß der nicht verwendbare Teil des Surplusproduktes des Produktionsmittelsektors verschwinden wird. Bezieht man die linke Seite von (6.26) auf die jeweils nächste Produktionsperiode, die eventuelle Zuwächse bereits enthält, und abstrahiert von den (längerfristig verschwindenden) nicht verwendbaren Teilen, so kann also $s_1 = 0$ angenommen werden. (Man könnte auch so argumentieren: die überflüssigen Produktionsmittel fungieren nicht mehr als Gebrauchswerte und können schon deshalb gleich Null gesetzt werden.)

Eine ähnliche Argumentation begründet das Verschwinden von s_2 aus der 2. Gleichung des Systems (6.26). Hier entfallen außerdem die technologischen Zwänge, durch die stets nur bestimmte Quanten zusätzlicher Produktionsmittel verwendbar sind.

Schließlich bezeichnen x_{13}, x_{23} und x_{33} den Konsum von Luxusgütern in den 3 Sektoren. Ohne Beschränkung der Allgemeinheit der folgenden Ableitungen kann angenommen werden, daß das gesamte Produkt des 3. Sektors von den Kapitalisten konsumiert wird, so daß s_3 ebenfalls gleich Null gesetzt werden kann.

Damit erhalten wir für eine 3-sektorale Volkswirtschaft im störungsfreien Gleichgewicht:

$$\begin{aligned} z_{11} + z_{21} + z_{31} &= q_1 \\ d_{12} + d_{22} + d_{32} &= q_2 \\ x_{13} + x_{23} + x_{33} &= q_3 \end{aligned} \tag{6.27}$$

Die einzelnen Güter können nun wieder 'bewertet' werden. Dabei berücksichtigen wir, daß die wertmäßigen Ausdrücke für die verbrauchten Produktionsmittel bei *Marx* und *Bortkiewicz* "konstantes Kapital" heißen und mit c abgekürzt werden, so daß

$$w_1 z_{i1} = k_{i1} = c_i \tag{6.28}$$

gilt. Dagegen heißen die bewerteten Ausdrücke für die verbrauchten Lebensmittel "variables Kapital" und werden mit v bezeichnet:

$$w_2 d_{i2} = k_{i2} = v_i \ . \tag{6.29}$$

Schließlich stellen die verbrauchten Luxusgüter die Verkörperung des Mehrwerts dar, den sich die Kapitalisten aneignen, symbolisiert durch m:

$$w_3 x_{i3} = k_{i3} = m_i \ . \tag{6.30}$$

Aus der Gleichung (6.27) wird damit das zu (6.16) analoge Gleichungssystem für den Bortkiewicz-Fall:

$$\begin{aligned} c_1 + c_2 + c_3 &= a_1 \\ v_1 + v_2 + v_3 &= a_2 \\ m_1 + m_2 + m_3 &= a_3 \end{aligned} \tag{6.31}$$

In diesem Zusammenhang muß übrigens das Gleichungssystem 7 in Setons Arbeit, die ebenfalls den 3-dimensionalen Fall behandelt, berichtigt werden. Insbesondere ist die folgende Behauptung falsch: "The $k_{i3}s$ must all vanish since luxory goods do not function as 'cost-inputs' (either technological or 'labour-feeding')..."[12] Abgesehen davon, daß die Luxusgüter in Setons Gleichungssystem dann doch wieder auftauchen, wenn auch in dubioser Weise, wird durch diese Vorgehensweise die Gleichgewichtsbedingung im 3. Sektor verletzt. - Aber man urteile selbst! Hier Setons Formulierung der gebrauchswertmäßigen Zusammenhänge in Marxschen Wertausdrücken:

$$\begin{array}{llll} c_1 + c_2 + c_3 + e_1 = a_1 \\ v_1 + v_2 + v_3 + e_2 = a_2 \\ \quad . \quad\ \ . \quad\ \ . \ + e_3 = a_3 \\ s_1 \quad + s_2 \quad + s_3 = s \end{array} \tag{Seton 7}$$

[12] Ebd. S.154.

Die Überschüsse e_1 und e_2 in den ersten beiden Sektoren sind nicht verwertbar und stören damit den Ablauf der volkswirtschaftlichen Reproduktion. Die Nichtberücksichtigung des Verbrauchs von Luxusgütern in der 3. Gleichung führt dazu, daß hier eigentlich gar kein Gleichheitszeichen stehen dürfte: das Bruttoprodukt des 3. Sektors soll gleich dem dort verbleibenden Überschuß sein? Sinnlos ist wiederum die vierte Gleichung, schon deshalb, weil ihr keine Interpretation gegeben wurde.

Die in jenem Gleichungssystem enthaltenen Fehler tragen zwar zur Verwirrung des Lesers bei, haben aber keine Auswirkung auf die Transformation von Werten in Preisen bei *Francis Seton*, da die Gleichung 7 keinen integralen Bestandteil seiner weiteren Ableitungen darstellt.

Wie Gleichung (6.16), stellt (6.31) mit Hilfe von Wertausdrücken die gebrauchswertmäßig-stoffliche Struktur des betrachteten volkswirtschaftlichen Modells dar: Der Wert der in der gesamten Volkswirtschaft verbrauchten Güter entspricht im Gleichgewicht dem Wert der produzierten Güter, ganz egal, mit welchem positiven Vektor w man die 'Bewertung' vornimmt. An diesen Überlegungen ist bis hierher überhaupt nichts, was für eine werttheoretische Betrachtung eigentümlich wäre. Ein werttheoretisches Element kommt erst hinzu, wenn man die produzierten Werte als Summe von konstantem und variablem Kapital und Mehrwert auffaßt:

$$\begin{aligned} c_1 + c_2 + c_3 &= c_1 + v_1 + m_1 \\ v_1 + v_2 + v_3 &= c_2 + v_2 + m_2 \\ m_1 + m_2 + m_3 &= c_3 + v_3 + m_3 \end{aligned} \tag{6.32}$$

Dies bedeutet, daß Spalten- und Zeilensummen der Koeffizientenmatrix auf der linken Seite von (6.31) übereinstimmen müssen.

Diskutieren wir noch einmal kurz das Problem eventueller Überschüsse! Sinnvollerweise können diese nur im ersten und vielleicht im zweiten Sektor auftreten. (Für Luxusgüter gibt es keine technologischen oder sozialen Notwendigkeiten, sie nur in bestimmten Mengen zu verteilen und zu verbrauchen.) Wenn nun auf der linken Seite des Gleichungssystems (6.32) in den ersten beiden Gleichungen e_1 bzw. e_2 als Summand hinzutreten, dann kann und muß dieser unverwertbare Überschuß als Teil des Mehrwerts angesehen werden, der in diesen beiden Zweigen produziert, aber nicht verbraucht worden ist:

$$\begin{aligned} c_1 + c_2 + c_3 + e_1 &= c_1 + v_1 + m'_1 \\ v_1 + v_2 + v_3 + e_2 &= c_2 + v_2 + m'_2 \\ m_1 + m_2 + m_3 &= c_3 + v_3 + m_3 \end{aligned} \tag{6.33}$$

Der realisierbare, d.h. in Form von Luxusgütern konsumierbare Mehrwert, ist demnach:

$$\begin{aligned} m_1 &= m'_1 - e_1 \\ m_2 &= m'_2 - e_2 \end{aligned} \tag{6.34}$$

M.a.W.: Nichtverwertbare Überschüsse führen zu einer Minderung des konsumierbaren Mehrwerts in den ersten beiden Sektoren. - Einsetzen von (6.34) in (6.33) führt dann wieder auf (6.32).

Die Rekonstruktion der Lösung des Transformationsproblems durch *Ladislaus v. Bortkiewicz* setzt weiterhin voraus, daß die Marxsche Bedingung einer einheitlichen Mehrwertrate für alle drei Sektoren eingehalten wird. Wie im 3. Kapitel gezeigt wurde, ist dies keine allgemein notwendige Bedingung für die AQT. Sie ist auch keine notwendige Bedingung für die Transformation der Werte in Preise, muß aber für eine originalgetreue Rekonstruktion der Marxschen Wertschemas beachtet werden:

$$m' = m_i / v_i \text{, für } i = 1,2,3. \tag{6.35}$$

Die eigentliche Transformation von Werten in Preise ist wieder eine uminterpretierte Preisgleichung, in der bekanntlich weder die organische Zusammensetzung der Kapitale noch die Mehrwertraten eine Rolle spielen. Wir reduzieren dazu die Gleichung (6.23) auf 3 Sektoren, berücksichtigen die Definitionen (6.28-30) und bedenken, daß die Kosten der Luxusgüter kein Bestandteil der Preiskalkulation sind, weil sie in den durch (5.1) definierten Verbrauch nicht eingehen. Das heißt, daß der oben kritisierte Satz Setons hier - bei der Preiskalkulation - seine Gültigkeit hat, nicht aber schon bei der Aufstellung der Wertschemas. Das Gleichungssystem lautet:

$$\begin{aligned} c_1 p'_1 + v_1 p'_2 &= \rho a_1 p'_1 \\ c_2 p'_1 + v_2 p'_2 &= \rho a_2 p'_2 \\ c_3 p'_1 + v_3 p'_2 &= \rho a_3 p'_3 \end{aligned} \tag{6.36}$$

Wie man sieht, spielt die Mehrwertrate tatsächlich keine Rolle. Teilen jeder Gleichung durch das wertmäßige Bruttoprodukt und die Einführung der Größen $\gamma_i = c_i / a_i$ sowie $\upsilon_i = v_i / a_i$ (in Anlehnung an Setons Notation) führt zu dem Gleichungssystem

$$
\begin{aligned}
&(\gamma_1-\rho)p'_1+\upsilon_1 p'_2=0\\
&\gamma_2 p'_1+(\upsilon_2-\rho)p'_2=0\\
&\gamma_3 p'_1+\upsilon_3 p'_2-\rho p'_3=0
\end{aligned}
\tag{6.37}
$$

(Gleichung 9 bei Seton), das dann und nur dann nicht-trivial gelöst werden kann, wenn die Determinante der Koeffizientenmatrix verschwindet:

$$
\begin{vmatrix}\gamma_1-\rho & \upsilon_1 & 0\\ \gamma_2 & \upsilon_2-\rho & 0\\ \gamma_3 & \upsilon_3 & -\rho\end{vmatrix} = -\rho\begin{vmatrix}\gamma_1-\rho & \upsilon_1\\ \gamma_2 & \upsilon_2-\rho\end{vmatrix}=0 \tag{6.38}
$$

Ausmultipliziert ergibt dies eine quadratische Gleichung für ρ:

$$
\rho^2+(-\gamma_1-\upsilon_2)\rho+\gamma_1\upsilon_2-\upsilon_1\gamma_2=0\ . \tag{6.39}
$$

Die allgemeine Lösung dieser quadratischen Gleichung lautet:

$$
\begin{aligned}
\rho_{1/2}&=\frac{\gamma_1+\upsilon_2\pm\sqrt{(\gamma_1+\upsilon_2)^2-4\gamma_1\upsilon_2+4\upsilon_1\gamma_2}}{2}\\
&=\frac{\gamma_1+\upsilon_2\pm\sqrt{(\gamma_1-\upsilon_2)^2+4\upsilon_1\gamma_2}}{2}
\end{aligned}
\tag{6.40}
$$

Man kann nun leicht zeigen, daß nur das Pluszeichen vor der Quadratwurzel eine ökonomisch sinnvolle Lösung liefert. Denn gilt das Minuszeichen, erhalten wir

$$
\begin{aligned}
\rho&=\frac{\gamma_1+\upsilon_2-\sqrt{(\gamma_1-\upsilon_2)^2+4\upsilon_1\gamma_2}}{2}\\
&\prec\frac{\gamma_1+\upsilon_2-\sqrt{(\gamma_1-\upsilon_2)^2}}{2}=\upsilon_2
\end{aligned}
\tag{6.41}
$$

$\rho\prec\upsilon_2$ würde aber in der zweiten Gleichung von (6.37) eine negative Komponente des Preisvektors bewirken, was ökonomisch betrachtet nicht sinnvoll erscheint.

Einsetzen von ρ in (6.37) und Lösen der Gleichung (beispielsweise mit dem Gaußschen Algorithmus) liefert wieder die Umrechnungsfaktoren für die Werte in

Preise bei einem 3-Sektoren-System. Die hier an Seton angelehnte Rekonstruktion des 3-sektoralen Modells stimmt mit den durch von Bortkiewicz' erzielten Ergebnissen überein,[13] wenn man folgende Modifikationen vornimmt:
(i) Bortkiewicz' Gleichungssystem lautet:

$$\begin{aligned}(1+\rho)(c_1x+v_1y)&=(c_1+c_2+c_3)x\\(1+\rho)(c_2x+v_2y)&=(v_1+v_2+v_3)y\\(1+\rho)(c_3x+v_3y)&=(m_1+m_2+m_3)z\end{aligned} \tag{6.42}$$

Vergleicht man mit Gl. (6.36), so stellt man folgende Unterschiede in der Notation und Übereinstimmungen im Inhalt fest:

$$\begin{aligned}p_1'&=x\\p_2'&=y\\p_3'&=z\end{aligned} \tag{6.43}$$

(Links steht die Notation Setons, rechts die von Bortkiewicz.) Außerdem gilt:

$$\begin{aligned}a_1&=c_1+c_2+c_3\\a_2&=v_1+v_2+v_3\\a_2&=m_1+m_2+m_3\end{aligned} \tag{6.44}$$

Das ρ Setons ist äquivalent mit dem Faktor $\frac{1}{1+\rho}$ bei Bortkiewicz. Schließlich muß man beachten, daß Bortkiewicz z=1 setzt, um sein Gleichungssystem zu lösen.

6.4. Gerhard Huber

Unter der Überschrift "Wert und Preis, Mehrwert, Profit und Rente. Marx before Sraffa" hat Gerhard Huber einen Beitrag zur Lösung des Marxschen Transformationsproblems vorgelegt,[14] dessen grundlegende Idee darin besteht, den Mehrwert "systematisch und gleichförmig in Profit *und Grundrente*" zu verwan-

---

13 Vgl. L. v. Bortkiewicz: Zur Berichtigung der grundlegenden theoretischen Konstruktion von Marx im 3. Band des "Kapital". A.a.O. S. 320-323.

14 Abgedruckt in Friedrun Quaas / Georg Quaas (Hrsg.): Elemente zur Kritik der Werttheorie. Frankfurt a.M. 1997. S.137 ff.

deln, wogegen alle bisherigen Lösungsversuche die Grundrente als verwandelte Form des Mehrwerts ignorierten.
Es gibt folgende Gründe, die von Huber vorgeschlagene Lösung noch einmal zum Gegenstand einer Analyse zu machen. Die Idee, die Grundrente in die Transformation einzubeziehen, ist für sich genommen so verblüffend einfach und überzeugend, daß sie ein völlig neues Licht auf das Transformationsproblem und seine bisherige Diskussion werfen könnte. Bevor jedoch eine Umbewertung vorhandener Lösungsvorschläge vorgenommen wird, sollte man sich von der Gültigkeit des - dem Anspruch nach - leistungsfähigeren Ansatzes überzeugen. Die Arbeit Hubers enthält nun Formeln, die eine eindeutig durchführbare Umrechnung von Werten in Produktionspreise (und umgekehrt) erlauben, aber die Formeln selber werden nicht abgeleitet. Das ist von mir an anderer Stelle nachgeholt worden.[15] In diesem Zusammenhang wurde auch die inhaltliche Gültigkeit der Huber-Transformation kurz erörtert. Dieser zuletzt genannte Aspekt soll jetzt etwas ausführlicher dargestellt werden.

6.4.1. Das Vorbild: von Bortkiewicz

Was bedeutet es, wenn Huber eine Lösung "in von Bortkiewiczscher Manier" vorlegen will?[16] Das kann Verschiedenes bedeuten. Typisch für Bortkiewicz, obgleich nicht notwendig, ist es beispielsweise, die Werte der Luxusgüterproduktion zum Numéraire zu erheben. Wichtiger ist jedoch die Konstruktion von Modellen der Volkswirtschaft anhand einer kleinen Anzahl von Sektoren. "Das heuristische Ausgangsschema für die ‚Bildung einer allgemeinen Profitrate (Durchschnittsprofitrate) und Verwandlung der Warenwerte in Produktionspreise' ist ein Wertschema in drei Sektoren à la *Bortkiewicz*, die gemäß den drei funktionalen Bestandteilen des Warenwerts unterschieden werden."[17]
Zwei Merkmale müssen klar voneinander unterschieden werden: Die Differenzierung in 3 Sektoren und die Unterstellung, daß in jedem Sektor Güter mit einer wohldefinierten Funktion hergestellt werden, die den funktionalen Bestandteilen des Warenwertes entsprechen. Während Huber das letzte Postulat beibehält, erweitert er – seiner grundlegenden Idee entsprechend – die Anzahl der Sektoren von drei auf vier – allerdings nur im Preisschema. Ausgangspunkt ist die von Bortkiewicz unterstellte Struktur: "Die erste Abteilung stellt die Produktionsmittel

---

[15] Vgl. G. Quaas: Die Transformation von Werten in Preise - Analyse und Rekonstruktion eines Beitrages zur politischen Ökonomie. In: S. Ryll / A. Yenal (Hrsg.): Politik und Ökonomie. Problemsicht aus klassischer, neo- und neuklassischer Perspektive. Festschrift für Gerhard Huber. Marburg 2000.
[16] Vgl. G. Huber: Wert und Preis, Mehrwert, Profit und Rente. A.a.O. S.137.
[17] Ebd. S.138.

für alle drei Abteilungen her, die zweite die Lohngüter aller drei Abteilungen, die dritte Abteilung schließlich sämtliche 'Luxus'güter, die mittels Mehrwert gekauft werden."[18] Dieses Modell wird in folgender Weise weiterentwickelt: "Die dritte Abteilung des Wertschemas spaltet sich in zwei Abteilungen, deren eine alle Waren produziert, die mit Profit erworben werden ('Profitgüter') und eine zweite, die alle 'Rentengüter' produziert."[19] Damit ist die Grundstruktur der Vier-Sektoren-Produktionspreis-Modelle beschrieben, für die Huber Transformationsgleichungen konstruiert. Die Kombination von Drei-Sektoren-Modellen als Wertschema und Vier-Sektoren-Modellen als Preisschema möchte ich im weiteren als *Huber-Transformation* bezeichnen.
Während also die Bortkiewicz-Transformation Modelle enthält, die in (mindestens) zwei Unterklassen eingeteilt werden können, von denen die eine (W) die Wertstruktur und die andere (P) die Preisstruktur einer Volkswirtschaft modelliert (eine dritte Unterklasse G könnte - wie bei Seton und Sraffa - für die gebrauchswertmäßig-stoffliche Verflechtungsstruktur gebildet werden), so gibt es auch für die Huber-Transformation (mindestens) die genannten zwei Unterklassen, wobei die eine dreidimensionale und die andere vierdimensionale Modelle enthält.

6.4.2. Postulate der Huber-Transformation

Zur Huber-Transformation gehören zunächst die üblichen Bortkiewicz-Modelle aus der Unterklasse W. Das folgende Gleichungssystem formuliert die Gleichgewichtsbedingungen für das zulässige Wertschema:

$$\begin{aligned} c_1 + v_1 + m_1 &= c_1 + c_2 + c_3 = w_1 \\ c_2 + v_2 + m_2 &= v_1 + v_2 + v_3 = w_2 \\ c_3 + v_3 + m_3 &= m_1 + m_2 + m_3 = w_3 \end{aligned} \qquad (6.45)$$

Darüber hinaus läßt sich die einheitliche Mehrwertrate durch folgende Gleichung definieren:

$$m' = m_i / v_i \,, \quad \text{für } i = 1,2,3. \qquad (6.46)$$

Wer möchte, kann diese Bedingungen in das Gleichungssystem (6.45) einbauen und damit das eingangs genannte Kriterium (i) für eine korrekte Transformation in

[18] Ebd. S.138f.
[19] Ebd. S.140.

kompakter mathematischer Form verankern. Auch ohne das sind Hubers Wertschemata jedenfalls korrekt konstruiert.[20]
Für die folgende Analyse wird eine weitere Formulierung des Wertschemas, und zwar die mit Hilfe sektorspezifischer Profitraten, benötigt. Ist

$$\pi_i = \frac{m_i}{c_i + v_i}, \quad i = 1,2,3 \,, \tag{6.47}$$

so lauten die Gleichgewichtsbedingungen:

$$\begin{aligned} (c_1 + v_1)(1+\pi_1) &= c_1 + c_2 + c_3 = w_1 \\ (c_2 + v_2)(1+\pi_2) &= v_1 + v_2 + v_3 = w_2 \\ (c_3 + v_3)(1+\pi_3) &= m_1 + m_2 + m_3 = w_3 \end{aligned} \tag{6.48}$$

Soweit die Formulierung der wertmäßigen Zusammenhänge. - Bevor wir die Huber-Transformation diskutieren, sei hier zur Erinnerung und für einen späteren Vergleich die Bortkiewicz-Transformation in der Fassung von Francis Seton (analog zu Gl. 6.36) notiert:[21]

$$\begin{aligned} c_1 p'_1 + v_1 p'_2 &= \rho w_1 p'_1 \\ c_2 p'_1 + v_2 p'_2 &= \rho w_2 p'_2 \\ c_3 p'_1 + v_3 p'_2 &= \rho w_3 p'_3 \end{aligned} \tag{6.49}$$

Dabei sind die p_i die gesuchten Umrechnungsfaktoren der Werte in Produktionspreise. Das Identitätspostulat (ii) zeigt sich bei Bortkiewicz darin, daß das konstante Kapital, egal in welchem Sektor es auftritt, stets mit dem gleichen Faktor für die Umwandlung der Werte in Preise multipliziert wird. Dasselbe gilt für das variable Kapital. Der Produktenwert wird mit dem gleichen Faktor wie sein funktionaler Bestandteil multipliziert. Anders ausgedrückt: Jeder Faktor gilt für genau eine Gütergruppe.
Dem Wertschema wird durch die Huber-Transformation ein viersektorales Preisschema zugeordnet, das im allgemeinen folgende Form hat:[22]

---

20 Vgl. ebd. S.144 und 146.

21 Vgl. F. Seton a.a.O. S.154. - Das Symbol für die Produktenwerte ist hier modifiziert worden.

22 Vgl. G. Huber a.a.O. S.141.

$$\begin{aligned}C_1+V_1+P_1+R_1&=C_1+C_2+C_3+C_4=W_1\\C_2+V_2+P_2+R_2&=V_1+V_2+V_3+V_4=W_2\\C_3+V_3+P_3+R_3&=P_1+P_2+P_3+P_4=W_3\\C_4+V_4+P_4+R_4&=R_1+R_2+R_3+R_4=W_4\end{aligned} \tag{6.50}$$

Die Erfüllung der reproduktiven Gleichgewichtsbedingungen wird – wie im Schema 1 – durch die Gleichheit von Zeilen- und Spaltensummen der dazugehörigen Matrix garantiert. Man erkennt deutlich, wie Hubers grundlegende Idee verankert worden ist: Neben dem Profit P haben wir in jedem Sektor noch die Rente R. Der Luxusgütersektor (Sektor 3 bei Bortkiewicz) ist derart aufgespalten worden, daß der neue Sektor 3 sämtliche Profitgüter und der neue Sektor 4 sämtliche Rentengüter produziert.
Die Bedingung (ii) für eine korrekte Transformation wird nun u.a. durch die Aufspaltung des Mehrwerts (=Bruttoprofit) in den eigentlichen industriellen Profit (=Nettoprofit) und in die Rente erfüllt. Dies geschieht durch folgende Formel:

$$\pi=\frac{\sum m_i}{\sum(c_i+v_i)}=\frac{\sum P_i}{\sum(c_i+v_i)}+\frac{\sum R_i}{\sum(c_i+v_i)}\,. \tag{6.51}$$

Dabei bezeichnen

$$r=\frac{\sum P_i}{\sum(c_i+v_i)} \tag{6.52}$$

die Nettoprofitrate und

$$\xi=\frac{\sum R_i}{\sum(c_i+v_i)} \tag{6.53}$$

die Rentrate des Kapitals.[23] Wenn die Gleichungen (6.50) durch die Transformationsgleichungen erfüllt werden können, bedeutet das, daß die für das Wertschema berechnete Profitrate mit der Bruttoprofitrate des Preisschemas zusammenfällt, die sich ihrerseits aber aufspaltet in die geforderte *einheitliche* Nettoprofitrate und eine *einheitliche* Rentrate:

$$\pi=r+\xi\,. \tag{6.54}$$

23 Vgl. ebd. S.142.

6.4.3. Die Transformationsgleichungen

Huber hatte seine Transformationsgleichungen in den 60er Jahren durch numerisches Probieren gefunden. Eine systematische Rekonstruktion ist von mir kürzlich veröffentlicht worden. Deshalb ist es hier nicht erforderlich, die Ableitung noch einmal zu wiederholen. Das Resultat lautet:[24]

$$c_1 \frac{(1+\pi_1)\pi}{(1+r)r} + v_1 \frac{(1+\pi_1)\pi}{(1+r)r} + m_1 \frac{(1+\pi_1)r}{(1+r)\pi_1} + m_1 \frac{(1+\pi_1)(\pi - r)}{(1+r)\pi_1} = w_1 \frac{\pi}{r}$$

$$c_2 \frac{(1+\pi_2)\pi}{(1+r)r} + v_2 \frac{(1+\pi_2)\pi}{(1+r)r} + m_2 \frac{(1+\pi_2)r}{(1+r)\pi_2} + m_2 \frac{(1+\pi_2)(\pi - r)}{(1+r)\pi_2} = w_2 \frac{\pi}{r}$$

$$c_3 \frac{(1+\pi_3)r}{(1+r)\pi} + v_3 \frac{(1+\pi_3)r}{(1+r)\pi} + m_3 \frac{(1+\pi_3)r^3}{(1+r)\pi_3\pi^2} + m_3 \frac{(1+\pi_3)r^2(\pi - r)}{(1+r)\pi_3\pi^2} = w_3 \frac{r}{\pi}$$

$$w_1 \frac{\pi - r}{(1+r)} + w_2 \frac{\pi - r}{(1+r)} + w_3 \frac{(\pi - r)r^2}{(1+r)\pi^2} + w_3 \frac{(\pi - r)^2 r}{(1+r)\pi^2} = w_3 \frac{\pi - r}{\pi}$$

$$w_1 \frac{\pi}{r} + w_2 \frac{\pi}{r} + w_3 \frac{r}{\pi} + w_3 \frac{(\pi - r)}{\pi} = w \frac{(1+r)\pi}{(1+\pi)r}$$

Die letzte Gleichung stellt jeweils die Spaltensummen der entsprechenden Terme der 4 anderen Gleichungen dar. Das ganze sei hier das Gleichungssystem (6.55). Die oben definierte Nettoprofitrate berechnet sich nach:

$$r = \pi \sqrt{\frac{c_2(1+\pi_2) - v_1(1+\pi_1)}{v_3(1+\pi_3) - w_2\pi}} \qquad (6.56)$$

6.4.4. Problematische Eigenschaften

(i) Die beiden Invarianzpostulate (a) und (b), die eingangs des Kapitels unter (iv) genannt wurden, können auch mit diesem Ansatz nicht gleichzeitig erfüllt werden:

---

24 Vgl. dazu Fußnote 14 sowie G. Huber a.a.O. S.143.

Postulat (a): Summe der Mehrwerte = Summe der Profite; da Huber zwischen Bruttoprofit und Nettoprofit unterscheidet, muß das Postulat an das Modell angepaßt werden. Fairerweise bezieht man sich dabei nicht auf den Nettoprofit, der nur ein Teil des Mehrwerts sein kann, sondern auf den Bruttoprofit. - Die Summe der Profite und Renten (=Bruttoprofit) wird durch den 3. und 4. Term der zusammenfassenden Transformationsgleichung erfaßt:

$$w_3 \frac{r}{\pi} + w_3 \frac{(\pi - r)}{\pi} = w_3 \ . \qquad (6.57)$$

Wie man sieht, stimmt dies mit der Summe der Mehrwerte w_3 überein.
Postulat (b): Summe der Werte = Summe der Preise aller Waren; die Summe aller Preise, d.h. der Terme auf der rechten Seite der ersten 4 Transformationsgleichungen, ergibt - wie man an der zusammenfassenden Gleichung unten rechts abliest - den Ausdruck

$$w \frac{(1+r)\pi}{(1+\pi)r} , \qquad (6.58)$$

der offensichtlich verschieden von $w = w_1 + w_2 + w_3$. M.a.W.: zwar kann das Postulat (a) erfüllt werden, aber nicht das Postulat (b). Eine gleichzeitige Erfüllung beider Forderungen ist auch im Rahmen der Huber-Transformation nicht möglich. Der von Huber erhobene Anspruch, ein Modell vorzulegen, daß in seiner Allgemeingültigkeit den Standardkritiken nicht unterliegt,[25] kann nicht eingelöst werden. Bemerkenswert ist aber, daß neben der Identität von Mehrwert und Bruttoprofit (Profit plus Rente) eine andere Invarianz existiert: die organische Zusammensetzung in und zwischen den Sektoren.
Klarerweise ist der Marxsche Kostpreisirrtum vermieden worden.
Bei der Analyse der Transformationsgleichungen stößt man jedoch auf weitere inhaltliche Widersprüche:
(ii) In Gleichung (6.51) sind die verschiedenen "Profitraten" partiell durch Wertgrößen determiniert. Berechnet man die *Bruttoprofitrate* allein anhand des Preisschemas, indem man die Summe von Profit und Rente ins Verhältnis zum gesamten Kapitaleinsatz eines Sektors setzt, so erhält man die für alle Sektoren einheitliche Rate

$$\frac{P_i + R_i}{C_i + V_i} = r \ . \qquad (6.59)$$

25 Vgl. ebd. S.137.

In (6.52) ist r allerdings als *Nettoprofitrate* definiert worden. Wenngleich hier keine Inkonsistenz im Formelapparat vorliegt, besteht doch ein Widerspruch zwischen der Definition der Nettoprofitrate und der Berechnung der Bruttoprofitrate anhand des Preisschemas.

(iii) Noch paradoxer ist das Ergebnis, wenn man versucht, die Nettoprofitrate anhand des Preisschemas zu berechnen. Diese ergibt sich logisch aus dem Verhältnis $\frac{P_i}{C_i+V_i}$, das aber mathematisch den für alle Sektoren einheitlichen Wert $\frac{r^2}{\pi}$ liefert. Bei einer konsistenten Transformation hätte man erwarten müssen, daß r das Ergebnis ist.

(iv) Zu den Eigenschaften der Huber-Transformation gehört die Tatsache, daß die verschiedenen Einsätze an konstantem Kapital in den verschiedenen Sektoren mit unterschiedlichen Faktoren multipliziert werden, um die Umwandlung in Produktionspreise zu bewerkstelligen. Betrachtet man dazu die äußersten linken Terme des Systems der Transformationsgleichungen zunächst für die ersten beiden Sektoren, so lauten die Terme, mit denen c_1 bzw. c_2 miltipliziert werden sollen, um sie in die entsprechenden Preise zu transformieren, $\frac{(1+\pi_1)\pi}{(1+r)r}$ bzw. $\frac{(1+\pi_2)\pi}{(1+r)r}$. Im allgemeinen muß man davon ausgehen, daß sich die aufgrund des Wertschemas bestimmten Profitraten π_1 und π_2 voneinander unterscheiden, so daß auch die Umrechnungsfaktoren voneinander verschieden sind. Demnach müßte sich das Preis-Wert-Verhältnis in den beiden betrachteten Sektoren voneinander unterscheiden, obwohl es sich um dieselbe Gütergruppe (Produktionsmittel) handelt. Das Identitätspostulat verlangt aber, daß ein- und dieselbe Gütergruppe stets mit dem gleichen Multiplikator versehen wird, so wie das bei Mühlpfordt, Bortkiewicz und Seton der Fall ist.

(v) Die Sektoren (3) und (4) habe ich aus dieser Argumentation zunächst ausgenommen, da sie eine Aufspaltung des dritten Sektors des Wertschemas darstellen. Das bedeutet ja auch eine Aufteilung des konstanten Kapitals, so daß beispielsweise das konstante Kapital des 3. Sektors im Preisschema nicht unmittelbar mit dem entsprechenden Ausdruck des 3. Sektors im Wertschema verglichen werden kann. Man kann allerdings die Summe der konstanten Kapitale des 3. und 4. Sektors des Preisschemas direkt mit dem konstanten Kapitals des dritten Sektors des Wertschemas konfrontieren. Die Summe unterscheidet sich noch einmal von den anderen beiden Multiplikatoren. - Aber auch wenn sie mit einem übereinstimmen würde, wäre das Identitätspostulat bereits in den Sektoren 1 und 2 verletzt.

(vi) Dieselbe Überlegung läßt sich für die variablen Kapitale und den Produktenwert im Vergleich zu ihren gleichartigen kostenbildenden Bestandteilen anstellen. Man kann anhand der Transformationsgleichungen unschwer erkennen, daß gleiche Gütergruppen (z.B. das variable Kapital in den Sektoren 1 und 2) mit ver-

schiedenen Multiplikatoren versehen werden, während verschiedene Gütergruppen die gleichen Multiplikatoren aufweisen (die rechten Seiten untereinander). Das ist ein klarer Verstoß gegen das Identitätspostulat.
Werte und transformierte Preise gehören somit verschiedenen ökonomischen Systemen an.
Gerhard Hubers Vorschlag kann übrigens mit anderen Modellen, die man in der Literatur findet, verglichen werden. Man wird feststellen, daß einige davon die zuletzt genannte Eigenschaft ebenfalls aufweisen. Von Samuelsons "Radiergummimethode" hebt sich die Huber-Transformation allerdings wohltuend ab, auch wenn der Autor seine Arbeit mit großer Bescheidenheit als "akademische Fingerübung" charakterisiert wissen will.[26] Über diesen intellektuellen Unterschied hinaus ist es die unverkennbare systematische und theoriegeschichtliche Bedeutung der Idee, daß Mehrwerte in Profite und Renten zu transformieren sind, durch die sich der hier analysierte Vorschlag in substantieller Weise hervorhebt.

6.5. VERGLEICH DER TRANSFORMATIONSGLEICHUNGEN

Vergleicht man abschließend die bislang entscheidenden Meilensteine auf dem Weg einer langen wissenschaftlichen Diskussion, die Hunderte von Publikationen hervorgebracht hat,[27] so bemerkt man, daß - trotz der Unterschiede in der Notation - der richtige Ansatz zur Lösung des Problems bereits von Wolfgang Mühlpfordt geliefert worden war, und zwar *bevor* F. Engels mit seinem provozierenden Vorwort zum 3. Band des "Kapital" von Marx die Debatte überhaupt ausgelöst hatte:

Mühlpfordt (1893):

$$x_0\Pi(W_1) = a_{11}\Pi(W_1) + a_{12}\Pi(W_2)+...$$
$$x_0\Pi(W_2) = a_{21}\Pi(W_1) + a_{22}\Pi(W_2)+...$$
$$...$$
$$x_0\Pi(W_n) = a_{n1}\Pi(W_1) + a_{n2}\Pi(W_2)+...$$

---

26 Vgl. ebd. S.158.

27 Vgl. dazu F. Quaas: Das Transformationsproblem. Ein theoriehistorischer Beitrag zur Analyse der Quellen und Resultate seiner Diskussion. Marburg 1992.

Bortkiewicz (1906/07):

$$(1+\rho)(c_1x+v_1y)=(c_1+c_2+c_3)x$$
$$(1+\rho)(c_2x+v_2y)=(v_1+v_2+v_3)y$$
$$(1+\rho)(c_3x+v_3y)=(m_1+m_2+m_3)z$$

Seton (1956/57):

$$k_{11}p'_1+k_{12}p'_2+...+k_{1n}p'_n=\rho a_1p'_1$$
$$k_{21}p'_1+k_{22}p'_2+...+k_{2n}p'_n=\rho a_2p'_2$$
$$...$$
$$k_{n1}p'_1+k_{n2}p'_2+...+k_{nn}p'_n=\rho a_np'_n$$

Dies ist ein Beispiel für die Konsequenzen, die eine mit sinnentstellenden Fehlern behaftete Publikation einer wissenschaftlichen Arbeit - einer Kurzfassung der Dissertation - haben kann:[28] Jahrzehnte des Suchens und der zum Teil sinnlosen Debatten um das, was Marx wirklich gemeint haben könnte, wären uns erspart geblieben. Zum Nichtbeachten mag die nachteilige Besprechung der Dissertationsschrift in Kautskys Zeitschrift "Die Neue Zeit" ein übriges beigetragen haben.[29]

Darüber hinaus kann man feststellen: Mühlpfordts Gleichungssystem entspricht der Preisgleichung Sraffas (implizite Berücksichtigung der Arbeit). Die aus diesen Sachverhalten folgende dogmengeschichtliche Umbewertung lautet zusammenfassend: Bortkiewicz ist in die Theoriegeschichte als derjenige Nationalökonom eingegangen, "der erstmalig den Weg zu einer zufriedenstellenden Transformation gewiesen habe. Daß dies nicht ganz korrekt ist, konnte inzwischen gezeigt werden... Danach ist der fast völlig unbekannte deutsche Ökonom Wolfgang Mühlpfordt als derjenige anzusehen, dem die Bortkiewicz zugedachten Meriten tatsächlich zustehen und der in gewissem Sinne auch den Ansatz von Sraffa antizipiert."[30]

---

28 W. Mühlpfordt: Karl Marx und die Durchschnittsprofitrate. In: Jahrbücher für Nationalökonomie und Statistik. Jena 1895. 3. Folge. Bd. 10. S.92-99.

29 Vgl. dazu F. Quaas: Das Transformationsproblem. A.a.O. S.76 f.

30 Friedrun Quaas: Das Transformationsproblem von Werten in Produktionspreise. In: Jahrbücher für Nationalökonomie und Statistik. Stuttgart 2000. Bd. 220/1. S.115.

6.6. DIE REDUNDANZ DER WERTTHEORIE FÜR DIE PREISTHEORIE

Ausgangspunkt für die von Seton vorgeschlagene Transformation ist die Matrix *K* (lies: Kappa). Das Element κ_{ik} sind die in Wertgrößen ausgedrückten Kosten für Güter der Sorte *k* im *i*-ten Industriezweig. Mit ihrer Hilfe lassen sich die Multiplikatoren p_i' bestimmen, die die gegebenen Werte w_i in Produktionspreise p_i "transformieren". Die Matrix *K* stellt dabei eine Mischung zwischen naturaler und wertmäßiger Struktur dar, die nur dann entwirrt werden kann, wenn entweder die naturale oder die wertmäßige Struktur *pur* gegeben sind.
Damit haben wir folgende Determinationsbeziehungen zwischen den Strukturkategorien "Gebrauchswert", "Wert" und "Preis" (will sagen: "Produktionspreis"):
(i) Der Gebrauchswert determiniert unter den oben angegebenen Bedingungen den Wert (siehe 3. Kapitel!).
(ii) Der Gebrauchswert determiniert unter den angegebenen Bedingungen den Preis (siehe 5. Kapitel!).
(iii) Der Wert kann nur dann in den Preis transformiert werden, wenn der Gebrauchswert hinsichtlich seiner reproduktiven Strukturen bekannt ist - zumindest in Gestalt der Matrix *K*.
Während die frühe Marx-Kritik (zum Beispiel Böhm-Bawerk) glaubte, daß zwischen Wert und Produktionspreis ein logischer Widerspruch besteht,[31] beweist die Arbeit von Seton für den *n*-sektoralen Fall, daß Wert und Preis durchaus 'kompatibel' sind. Die späte Marx-Kritik (Feess-Dörr) hebt dagegen hervor, daß man die Mehrwerttheorie nicht brauche.[32] Konsequenterweise müßte man jedoch argumentieren, daß die gesamte Werttheorie zur Erklärung der Preise weder notwendig (Determination ii) noch hinreichend (Determination iii) ist. Die wissenschaftstheoretische Schlußfolgerung kann nur die sein, daß die Bedeutung der Werttheorie anderswo gesucht werden muß. Denkbar wären folgende Varianten:
(i) Die historische Interpretation: Die Wertpreise sind im Zuge der freien Entfaltung der kapitalistischen Warenproduktion durch die Produktionspreise verdrängt und ersetzt worden. Insofern hätte die Werttheorie nur noch eine Bedeutung für die historische Erklärung der Preise.
(ii) Die wesenslogische Auffassung: Die Werte bestehen als latente Struktur fort. Ihre Wirkung muß aber sozusagen jenseits der Produktionspreise gesucht werden, beispielsweise bei ihren Voraussetzungen, den Bedingungen der freien Konkurrenz. In diesem Zusammenhang habe ich den Versuch unternommen, die von al-

---

31 Vgl. E. v. Böhm-Bawerk: Zum Abschluß des Marxschen Systems (1896). In: H. Meixner / M. Turban (Hrsg.): Etappen bürgerlicher Marx-Kritik. Lollar / Gießen 1974.
32 Vgl. E. Feess-Dörr: Die Redundanz der Mehrwerttheorie. Marburg 1989.

len als bekannt vorausgesetzen Phänomene der Konkurrenz aus der Wirkung des Wertgesetzes im Warenaustausch abzuleiten.[33]
(iii) Die statistische Fragestellung - diese könnte so umschrieben werden: Bislang ist unklar, was wirklich die zentrale Tendenz der empirisch beobachtbaren Preise ist: Sind es die Werte, wie *Fritz Helmedag* zu glauben scheint?[34] Oder sind es die Produktionspreise, wie man die Neoricardianer interpretieren könnte? Oder ist es etwas ganz anderes, zum Beispiel der oben vorgestellte "politische Preis" der Waren?
Damit stoßen wir auf die Grenzen, an denen die werttheoretische Forschung heute steht. Weder die Widersprüchlichkeit der Werttheorie in der Marxschen Darstellung noch ihre Redundanz für die Erklärung der Produktionspreise stempeln jedoch die Arbeitsquantentheorie bereits zum alten Eisen.
Theorien haben sich nicht nur durch Konfrontation mit den Daten einer kontrolliert erfahrbaren Realität zu bewähren, sondern auch bei der Erklärung anderer Theorien niedrigeren Allgemeinheitsgrades. Beide Aufgaben können nur langfristig und durch die vereinten Bemühungen einer wissenschaftlichen Gemeinschaft befriedigend gelöst werden. Der Beitrag eines einzelnen Autors wird dagegen immer nur fragmentarisch bleiben. Im Bewußtsein der Unzulänglichkeit der eigenen Bemühungen im Vergleich zur Aufgabe, möchte ich abschließend 2 Beispiele aus ganz verschiedenen Anwendungsgebieten geben, die - so meine Hoffnung - weitere Arbeiten und Diskussionen anregen werden. Das erste Beispiel setzt die hier begonnene Analyse des Verhältnisses zwischen dem Wert und seiner "Erscheinungsform", dem Preis, auf gänzlich andere Weise fort. Im letzten Kapitel werde ich dann das irritierende Problem negativer Werte erörtern.

---

33 Werttheoretische Rekonstruktion der Konkurrenz als Ursache der Unterentwicklung. In: F. Quaas / G. Quaas (Hrsg.): Elemente zur Kritik der Werttheorie. A.a.O. S.243 ff.

34 Vgl. F. Helmedag: Warenproduktion mittels Arbeit. Zur Rehabilitation des Wertgesetzes. Marburg 1992.

7. Der Marktpreis

Das Thema "Transformationsproblem" betrifft das Verhältnis zwischen Wert und Preis, aber erschöpft es nicht. Beispielsweise fällt auf, daß solche marktwirtschaftlich relevanten Kategorien wie *Angebot* und *Nachfrage* unter jener Überschrift nicht auftreten. Anknüpfend an verschiedene Passagen in diesem Buch, insbesondere an die Darstellung der Wertausdrücke im 4. Kapitel, soll jetzt die bislang makroökonomische Darstellung auf die mikroökonomische Ebene projiziert werden, um den Zusammenhang zwischen Werten und Preisen auf dem Markt aus werttheoretischer Sicht zu rekonstruieren.

7.1. Tauschwert, Goldpreis und Papiergeld

Durch die Variablen a, b, c,... seien qualitativ und quantitativ verschiedene Gebrauchswertmengen bezeichnet, die als Waren auf ein und demselben Markt ausgetauscht werden. (Dabei sollen die allgemeinen Voraussetzungen gelten, die im 2.1. Abschnitt genannt worden sind.) Jede einzelne Ware habe einen bestimmten Wert, den wir mathematisch mit Hilfe der Funktion W erfassen wollen: $W(a)$ sei der Wert der Gebrauchswertmenge a, $W(b)$ bezeichne die Wertgröße von b, usw. Die (mathematische) Existenz dieser Größen ist im 3. Kapitel sichergestellt worden. Sowohl die Variablen für die verschiedenartigen Gebrauchswertmengen als auch die Funktion W seien nicht-negative Größen. Sie erfassen die Warensammlung, als die der Reichtum moderner Gesellschaften erscheint, unter mathematisch relevantem Gesichtspunkt.
Der Austausch zweier Waren a und b auf dem Markt kommt nur zustande, wenn ihre Eigentümer der Meinung sind, daß das Gut des anderen ihnen nützlicher ist als das eigene und sie wertmäßig gesehen (zumindest) ein Äquivalent für ihre Ware erhalten. Wir wollen annehmen, daß sie mit dieser ihrer Meinung die Wahrheit treffen, daß also tatsächlich das *Wertgesetz* (Austausch der Waren zu ihren Werten)

$$W(a)=W(b) \tag{7.1}$$

gilt. Für das Zustandekommen eines einzelnen Warenaustausches auf dem Markt ist es natürlich gleichgültig, ob tatsächlich Äquivalente ausgetauscht werden, da es nur auf die *Meinung* der beiden Warenbesitzer ankommt; auf lange Sicht jedoch zieht die Wiederholung ungleicher Tauschprozesse - also die Verletzung des

Wertgesetzes - den Ruin eines der beteiligten Tauschpartner nach sich.[1] Die Unterstellung äquivalenten Tausches bedeutet somit nichts anderes als die Annahme *wiederholbarer* Tauschhandlungen - eine für *Theorien* über den Markt wohl unverzichtbare Prämisse.

Die Größe W ist ein *theoretischer* Ausdruck des Wertes einer Ware. Im praktischen Handel ist aber ein sinnlich-gegenständlicher, den Akteuren bekannter und gewissermaßen naheliegender Gegenstand als Material für die Darstellung des Wertes notwendig. Die Rolle des Wertausdrucks einer Ware übernimmt im beabsichtigten Austausch zweier Waren die Naturalform der jeweils anderen Ware (vgl. Formel 4.15 und 4.16 des Abschnittes 4.4!).

Sei z.B. a eine bestimmte Menge Leinwand und b eine bestimmte Anzahl Röcke, die gegeneinander ausgetauscht werden sollen, so ist es der "Rockwert der Leinwand", der im praktischen Tauschhandel den Wert der Leinwand ausdrückt.[2] Der sprachliche Ausdruck "Rockwert der Leinwand" gibt Anlaß für folgende Nominaldefinition: Die Funktion $b(a)$ heiße der "b-Wert der Ware a". Bezeichnet die abhängige Variable b beispielsweise wieder Röcke und die unabhängige Variable a eine bestimmte Menge Leinwand, so stellt die Funktion $b(a)$ gerade den mathematischen Ausdruck für den Rockwert der Leinwand dar. Die Gleichung (7.1) definiert implizit eine Funktion $b(a)$, die als mathematische Darstellung des Tauschwerts (einfache Wertform) interpretiert werden kann. Sie hat die folgenden Eigenschaften:

(i) es werden zwei Gebrauchswertquantitäten einander zugeordnet, die Waren sind;

(ii) die gegenüberstehenden Waren sind qualitativ verschiedene Gebrauchswerte;

(iii) sie haben den gleichen Wert;

(iv) der Wert der Ware a wird durch den Gebrauchswert der Ware b ausgedrückt.

Die Eigenschaft (iv) bedeutet, daß der Wert der Ware b nicht durch $b(a)$, sondern durch die analog zu definierende Funktion $a(b)$ ausgedrückt werden muß ("Leinwandwert der Röcke"). Die Funktionen $b(a)$ und $a(b)$ stellen die zwei einfachsten, im Austausch der gleichwertigen Waren a und b objektiv gültigen Wertausdrücke dar.

Die Funktion $b(a)$ wird durch Gl.(7.1) nur implizit definiert. Eine explizite Zurückführung des Tauschwertes auf den Wert der beteiligten Waren erhält man durch folgende Überlegungen: Zwischen dem Wert W und der Gebrauchswertmenge einer Ware besteht zwar kein innerer, aber immerhin (bei gegebener

[1] Vgl. G. Quaas: Werttheoretische Rekonstruktion der Konkurrenz als Ursache der Unterentwicklung. In: Friedrun & Georg Quaas (Hrsg): Elemente zur Kritik der Werttheorie. Frankfurt a. M. 1997. S.243-261.

[2] Das heute vielleicht altertümlich anmutende Beispiel für einen "Barter" stammt von K. Marx: Das Kapital. Bd.1. Berlin 1986. S.62 ff.

Größe des Wertes der Wareneinheit b_0) ein äußerlicher, linearer funktionaler Zusammenhang der Form

$$W(b) = \frac{W(b_0)}{b_0} b \,. \tag{7.2}$$

Dabei ist $W(b_0)$ der Wert der Gebrauchswerteinheit b_0 und $b = z \cdot b_0$ die Gesamtmenge an Waren der Sorte b_0, die eben den Wert $W(b)$ hat; z ist eine reine Zahl, z.B. die Stückzahl. Diese Formel beruht auf der im 3. Kapitel angenommenen Linearität und Additivität der Werte parallel zu ihren 'Trägern', den Gebrauchswerten.

Soll die Gebrauchswertmenge b die Wertgröße der Warenmenge a repräsentieren, also die Größe $W(a)$, so muß gleichzeitig mit Gl.(7.2) die Bedingung (7.1) gelten. Wir setzen die rechte Seite von Gl.(7.1) in (7.2) ein und erhalten nach einfacher Umformung:

$$b = \frac{b_0}{W(b_0)} W(a) \,. \tag{7.3}$$

Berücksichtigt man noch einmal die Gleichung (7.2), nun aber für $W(a)$ notiert, so sieht man, daß b tatsächlich als eine Funktion der Warenmenge a aufgefaßt werden kann:

$$b = b(a) = \frac{b_0}{W(b_0)} \frac{W(a_0)}{a_0} \cdot a \,. \tag{7.4}$$

Die explizite Definition der mathematischen Darstellung des einfachen Wertausdruckes lautet demnach:

$$b(a) \overset{Def}{\equiv} \frac{b_0}{W(b_0)} W(a) \,. \tag{7.5}$$

Diese Gleichung gestattet einen formal-logisch korrekten Übergang von der "Sprache der reinen Werttheorie", wie sie im 3. Kapitel entwickelt worden ist, zur mathematisch formulierten Sprache des praktischen Tauschhandels: Der links stehende 'praktische' Ausdruck für den Tauschwert ist eindeutig durch die Wertverhältnisse (auf der rechten Seite der Gleichung) bestimmt.

Setzt man in (7.5) bzw. in (7.4) für a die Variable b ein, so erhält man die über den Wert nichts aussagende Gleichung b=b. - Darin zeigt sich, daß auch im Fall der mathematischen Formulierung des Tauschwertes der Wertausdruck sinnlos wird, wenn der Wert einer Ware in eben derselben Ware ausgedrückt werden soll.[3] Setzt man in (7.5) $a = 1 \cdot a_0$ ein, so ergibt sich daraus

$$b(a_0) \equiv \frac{b_0}{W(b_0)} W(a_0) \ . \tag{7.6}$$

Diese Gleichung zeigt, daß der relative Wert (Tauschwert) der Ware a_0 direkt proportional zu ihrem Wert ist und in umgekehrten Verhältnis zum Wert der Ware b_0 steht.[4]

Eine der großen theoretischen Leistungen von *Karl Marx* auf dem Gebiet der politischen Ökonomie bestand darin, daß er die Entstehung der Geldform des Wertes aus einer gesetzmäßigen Entwicklung der Wertformen nachgewiesen hat. Ich setze hier Marx' Theorie über die Genesis der Wertformen voraus und unterstelle zunächst, daß sich Gold (g) als allgemeines Äquivalent der Waren herausgebildet hat. Der Wert der Waren $a, b, c,\ldots$ wird dann in einer je bestimmten Quantität Gold ausgedrückt: $g(a)$, $g(b)$, $g(c)$,... Speziell für die Warenmenge a gilt:

$$g(a) = \frac{g_0}{W(g_0)} W(a) \ . \tag{7.7}$$

$g(a)$ ist der in Gold ausgedrückte Wert der Ware a, d.h. ihr Goldwert, g_0 ist das fixierte Quantum Gold, das die Rolle des Maßstabs für andere Goldquanta spielt. $W(g_0)$ ist der Wert dieser Goldeinheit. (Eine Einordnung des Goldpreises in die verschiedenen Entwicklungsformen des Wertausdruckes findet man im 4.4. Abschnitt.)

Der formale Übergang vom Goldpreis (7.7) zum Papiergeld mit Zwangskurs erfordert die Fixierung des Preises einer Goldeinheit $P(g_0)$. Unter diesen Umständen gelten dann die Formeln (4.25) und (4.26).

7.2. Die Wirkung von Angebot und Nachfrage auf den Preis

Der Preis einer Ware ist der Ausdruck ihres auf dem Markt gesellschaftlich anerkannten Wertes in Geld. Während der Wert einer Ware ausschließlich von den Verhältnissen in der Produktion, genauer gesagt: von der für ihre Herstellung gesellschaftlich notwendigen Arbeitszeit bestimmt ist, hängt der Grad der Anerken-

---

3 Vgl. ebd. S.63.

4 Vgl. ebd. S.68 f.

nung ihres Wertes von dem auf dem Markt herrschenden Verhältnis zwischen *Angebot* und *Nachfrage* ab. Es sei a beispielsweise die Gesamtmenge der auf ein und demselben Markt angebotenen Waren der Sorte a_0. Durch diese Größe ist das Angebot unter stofflichem, gebrauchswertmäßigem Aspekt charakterisiert.
Die Nachfrage ist vom theoretischen Standpunkt ebenfalls eine prinzipiell meßbare Größe. Durch $\bar{a}$ werde die (u.U. fiktive) Menge an Waren der Sorte a_0 bezeichnet, für die auf dem betrachteten Markt eine (zahlungsfähige) Nachfrage vorhanden ist. Damit ist ein mathematischer Ausdruck für die quantitative Seite der Nachfrage gegeben.
Es sind nun verschiedene Möglichkeiten denkbar, wie das *Verhältnis* von Angebot und Nachfrage darzustellen wäre. Im folgenden werden zwei naheliegende Varianten verwendet:
(i) Die (dimensionslose) Zahl

$$m(a_0) = \frac{\bar{a}}{a} \tag{7.8}$$

ist *ein* Maß für das auf dem Markt existierende Verhältnis zwischen Angebot und Nachfrage, bezogen auf Artikel der Sorte a_0. Die Größe m variiert im Intervall $[0,\infty)$. In dem Fall, daß Angebot und Nachfrage übereinstimmen, ist m=1. Dagegen ist m=0 für ein unabsetzbares Produkt, und m strebt gegen Unendlich, wenn keine einzige Ware einer tatsächlich vorhandenen gesellschaftlichen Nachfrage gegenübersteht. (Bei einem realen Angebot von mindestens einem Artikel ist m stets endlich.)
(ii) Die Differenz

$$n(a_0) = \bar{a} - a \tag{7.9}$$

ist ein (weiteres) Maß für das Verhältnis von Angebot und Nachfrage. Stimmen letztere überein, so ist n=0. Es ist n>0 für eine Nachfrage, die das Angebot übersteigt, und n<0 bei zu geringer Nachfrage (Überproduktion).
Sehen wir nun, wie (7.7) konkretisiert werden muß, wenn man einen mathematisch exakten Ausdruck für den Preis erhalten will, der zum einen mit der Werttheorie in logisch korrekter Weise in Zusammenhang steht und der zum anderen eines der obigen Maße für das Verhältnis von Angebot und Nachfrage berücksichtigt! Dazu analysieren wir folgende typische Situation:
"Gesetzt..., jedes auf dem Markt vorhandene Stück Leinwand enthalte nur gesellschaftlich notwendige Arbeitszeit. Trotzdem kann die Gesamtsumme dieser

Stücke überflüssig verausgabte Arbeitszeit enthalten."[5] Letzteres gilt in Bezug auf das gesellschaftlich vorhandene Bedürfnis nach diesem Artikel.
Es sei a die Gesamtmenge der auf dem Markt vorhandenen Leinwand, $W(a)$ ihr durch die gesellschaftlich notwendige Arbeitszeit bestimmte Wertgröße. Im obigen Beispiel ist die Nachfrage geringer als das Angebot: $\bar{a} \prec a$. Die Differenz $a - \bar{a}$ erfaßt dann die Größe derjenigen Warenmenge, die effektiv nicht gebraucht wird und die deshalb auf dem Markt auch nicht als Träger von Wert anerkannt wird. Vom Standpunkt der gesellschaftlichen Nachfrage aus gesehen ist der Wert dieses Teils der Warenmenge gleich Null.
Die Entwertung eines Teils des Warenangebots verteilt sich gleichmäßig auf alle zur gleichen Zeit angebotenen Waren derselben Sorte: "Hier heißt's: Mitgefangen, mitgehangen. Alle Leinwand auf dem Markt gilt nur als ein Handelsartikel, jedes Stück nur als aliquoter Teil."[6]
Die gesamte Warenmasse repräsentiert infolge der teilweisen Entwertung durch die geringere Nachfrage nicht den wirklich vorhandenen Wert $W(a)$, sondern den gesellschaftlich anerkannten Wert $W(a) - W(a - \bar{a})$, der eben um den Betrag der Wertgröße des nutzlosen Warenquantums $a - \bar{a}$ geringer ist. Nach Gl. (7.2) gilt nun: $W(a) - W(a - \bar{a}) = W(\bar{a})$. Es wird demnach auf dem Markt genau die Wertgröße derjenigen (u.U. fiktiven) Warenmenge $\bar{a}$ anerkannt, die zur Befriedigung des gesellschaftlichen Bedürfnisses erforderlich ist.
Der oben abgeleitete Ausdruck für den Goldwert der Ware a wird nun genau dann zu einer Darstellung des *Marktpreises*, wenn man an Stelle der Größe $W(a)$ den Ausdruck für den gesellschaftlich anerkannten Wert $W(\bar{a})$ setzt:

$$g(a) = \frac{g_0}{W(g_0)} W(\bar{a}) \,. \tag{7.10}$$

Diese Gleichung formen wir noch um; für $W(\bar{a})$ gilt:

$$W(\bar{a}) = \frac{W(a_0)}{a_0} \cdot \bar{a} = \frac{W(a_0)}{a_0} \cdot a \cdot m(a_0) = W(a) \cdot m(a_0) \,. \tag{7.11}$$

Der in Gold ausgedrückte Marktpreis wird demnach durch die folgende Gleichung erfaßt:

$$g(a) = \frac{g_0}{W(g_0)} m(a_0) W(a) \,. \tag{7.12}$$

---

[5] Ebd. S.121 f.
[6] Ebd. S.122.

Diese Formel erfüllt die oben aufgestellten Forderungen: Sie berücksichtigt durch $m(a_0)$ das Verhältnis von Angebot und Nachfrage und steht mit der Werttheorie in logisch korrektem Zusammenhang: setzt man nämlich Angebot und Nachfrage gleich, geht (7.12) nahtlos in den entsprechenden Ausdruck des Wertes der Warenmenge *a* in Gold über (siehe Gl.7.7!).
Nimmt man weiterhin an, daß das Gold-Geld durch Papiernoten ersetzt worden ist, so erhalten wir aufgrund der Gleichungen (4.26) und (7.12) für den Preis der Warenmenge *a*:

$$P(a) = \frac{P(g_0)}{g_0} g(a) = \frac{P(g_0)}{W(g_0)} m(a_0) W(a) \ . \tag{7.13}$$

Dabei ist $P(g_0)$ der staatlich oder anderweitig festgesetzte Preis der Goldeinheit g_0. Selbstverständlich wird hier der Preis stets als eine nicht-negative Größe behandelt.
Da die Variable *a* im Prinzip beliebige Warenmenge bezeichnen kann - mit Ausnahme von Gold -, läßt sich (7.13) leicht auf jede beliebige andere Warenart *b*, *c*,... übertragen. Wie man leicht sieht, haben die Formeln (7.12) und (7.13) auch dann noch Gültigkeit, wenn die Nachfrage das Angebot übersteigt. Dann ist der Preis größer als der "wertadäquate" Preis für $m = 1$.
Die in (7.13) enthaltenen Abhängigkeiten lassen sich qualitativ folgendermaßen charakterisieren: Der Preis einer Warenmenge *a* hängt von folgenden Faktoren ab:
(i) vom Wert dieser Warenmenge $W(a)$;
(ii) vom Verhältnis zwischen Angebot und Nachfrage $m(a_0)$;
(iii) indirekt vom Wert der Goldeinheit $W(g_0)$ und
(iv) vom nominellen Preis der Goldeinheit $P(g_0)$.
Ich habe mich in diesem Abschnitt bewußt etwas enger an die Formulierung der Werttheorie bei *Marx* gehalten, um einen einflußreichen Irrtum zu korrigieren, dem auch *Werner Becker* aufgesessen ist: "Blaugg spricht von einer Arbeitswertlehre nur dann, wenn es sich um eine 'Ein-Faktor-Werttheorie' handelt, d.h., wenn die Bildung der relativen Preise nur und ausschließlich durch die Zuhilfenahme des Produktionsfaktors 'Arbeit' erklärt wird. Ohne Zweifel bleiben unter dieser Bedingung bloß Ricardo und Marx als reine Arbeitswerttheoretiker übrig."[7] - Richtiger müßte man bei Marx von einer 4-Faktor-Theorie sprechen.
Fällt die Funktion des Goldes als Standardware weg, kann der Faktor

---

7 W. Becker: Kritik der Marxschen Wertlehre. Hamburg 1972. S.22. - Gemeint ist M. Blaug.

$$\frac{P(g_0)}{W(g_0)}$$

durch eine für alle Waren gleiche, u.U. aber zeitlich veränderliche Größe Y ersetzt werden, die das Verhältnis zwischen Wert und Preis in einer bestimmten warenproduzierenden Gesellschaft zum Ausdruck bringt. Damit ist durch

$$\begin{aligned} P(a) &= Y\, m(a_0) W(a) \\ P(b) &= Y\, m(b_0) W(b) \\ &\;\;\cdots\cdots \end{aligned} \tag{7.14}$$

die Gesamtheit der Marktpreise gegeben.

Es existieren folgende Möglichkeiten, von einer 'Übereinstimmung von Wert und Preis' zu sprechen, obwohl es sich um qualitativ und quantitativ unterschiedliche Größen handelt:

(i) Man könnte eine solche Möglichkeit schon in Bezug auf eine einzelne Warenmenge a sehen, wenn nämlich $m(a_0) = 1$ ist; 'Übereinstimmung' bedeutet jedoch nicht, daß Wert und Preis zusammenfallen, weder qualitativ noch quantitativ. Der Preis drückt in diesem Fall den vorhandenen Wert - multipliziert mit einer Systemkonstante - aus. Auf der anderen Seite muß man jedoch bedenken, daß der Wert nur bis auf einen konstanten Faktor eindeutig determiniert ist. Insofern ist es mit dieser, auf eine einzelne Ware beschränkten Übereinstimmung nicht weit her. Aber dieser Zusammenhang macht klar, in welchem Sinne der Preis vom Wert 'abweichen' kann: Er weicht in dem Maße vom Wert ab, wie sich das Verhältnis von Angebot und Nachfrage in der einen oder anderen Richtung verschiebt und damit der Preis vom 'wertadäquaten Preis' bei m=1 verschieden ist.

Ließe sich nun zeigen, daß der Marktmechanismus (letztlich) immer wieder eine Übereinstimmung von Angebot und (zahlungsfähiger) Nachfrage herstellt, so könnte man behaupten, daß der "Wert der Gravitationspunkt ist, um den (die) ... Preise sich drehn".[8] Bislang ist dies empirisch aber nicht abgesichert.

Bezogen auf zwei verschiedene Waren a und b kann von einer Übereinstimmung zwischen Wert und Preis in folgenden zwei Fällen gesprochen werden:

(ii) Aus (7.14) erhält man

$$\frac{P(a)}{P(b)} = \frac{m(a_0)}{m(b_0)} \frac{W(a)}{W(b)} . \tag{7.15}$$

[8] K. Marx. Das Kapital. Bd.3. In: MEW Bd. 25. Berlin 1981. S.187.

Ist nun $m(a_0)=1$ und $m(b_0)=1$, so fällt das quantitative Verhältnis der Preise der Waren a und b mit dem quantitativen Verhältnis ihrer Werte zusammen. Der Preis drückt in diesem Fall den Wert in dem Sinne adäquat aus, daß tatsächlich die Preisverhältnisse mit den Wertverhältnissen quantitativ identisch sind!
(iii) Eine solche Übereinstimmung existiert offenbar auch in all jenen Fällen, in denen $m(a_0)=m(b_0)$ ist. Das Wert- und das Preisverhältnis *zweier* Waren stimmen also auch dann überein (strukturelle Identität), wenn beide Waren dem gleichen (Miß-) Verhältnis von Angebot und Nachfrage unterliegen.
Ist $m(a_0)\neq m(b_0)$, so tritt eine Verschiebung zwischen Wert- und Preisverhältnissen auf. Hauptsächlich in diesem Sinne muß man wohl die Redeweise verstehen, daß der Wert vom Preis abweicht oder daß eine "Modifikation des Preises" vorliegt, wobei der Preis als "Erscheinungsform des Wertes" angesehen wird.[9]

7.3. Die Tendenz zum Gleichgewicht

Die Gleichungen (7.14) bedürfen einer Ergänzung, die eine simplifizierte und eventuell widersprüchliche Anwendung auf die ökonomische Realität ausschließt. Vor allem müssen folgende Tatsachen beachtet werden: In einer warenproduzierenden Gesellschaft handelt es sich nicht um eine *Nachfrage* schlechthin, sondern um eine *zahlungsfähige Nachfrage*. Sinkt beispielsweise der Preis, so erhöht sich in der Regel die Nachfrage nach der preisgesenkten Ware. Der Grund ist einfach: Er kommt in dem Instinkt der Käufer zum Ausdruck, bei einem geringeren als den üblichen Preis ein wertmäßiges Plus zu machen. Auch wenn es sich dabei um einen kurzfristigen Effekt handeln sollte, zwingt er doch zu einer Präzisierung. Es ist nicht nur die Nachfrage, die den Preis bestimmt, wie es durch Formel (7.14) dargestellt wird, sondern es findet umgekehrt auch eine *Rückwirkung* des Preises auf die Nachfrage statt. Dieser Zusammenhang realisiert sich in einer zeitlichen Änderung der Nachfrage. Daraus ergeben sich folgende Präzisierungen:
(i) Die Nachfrage ist eine Funktion der Zeit bzw. eines zeitähnlichen Parameters t', das heißt, es gilt $\bar{a}=\bar{a}(t')$. Dabei ist t' eine monotone Funktion der Zeit und a bezeichnet wiederum eine beliebige Ware auf dem Markt.
(ii) Aus (i) folgt, daß auch die Maße (7.8) und (7.9) Funktionen von t' sind.
(iii) Dasselbe gilt schließlich für den Preis P.

9 Vgl. dazu T. Tairako: Versachlichung und Verdinglichung in ihrer Beziehung zur Hegelschen Dialektik. Zur Erschließung der Logik der Verkehrung. In: Hokudai Economic Papers. Bd.12. 1982/83.

In dieser Hinsicht sind die Gleichungen (7.14) noch zu präzisieren. Es ist dort zumindest unklar, in welchem zeitlichen Verhältnis die einzelnen Faktoren zueinander stehen.
Die Nachfrage ist durch $\bar{a}(t')$ nur gebrauchswertmäßig charakterisiert. Wertmäßig wird sie durch die für Waren der Sorte a_0 zum Zeitpunkt t' in den Taschen der Käufer bereit liegende Geldsumme

$$P(a_0,t')\cdot\bar{a}(t') \qquad (7.16)$$

ausgedrückt. Die einfachste Annahme über den funktionalen Zusammenhang zwischen der aktuellen Nachfrage und dem aktuellen Preisniveau besteht darin, die Größe (7.16) zu verschiedenen, hinreichend nahe beieinander liegenden Zeitpunkten als konstant anzusehen (erste Näherung bei einer quasi-differentiellen Betrachtungsweise). Für die beliebigen Zeitpunkte 0 und t' gilt dann:

$$\bar{a}(t')=\bar{a}(0)\cdot\frac{P(a_0,0)}{P(a_0,t')} \quad \text{für } t'\succ 0. \qquad (7.17)$$

Diese Gleichung bedeutet, daß die aktuelle Nachfrage gebrauchswertmäßig gesehen indirekt proportional zum aktuellen Preis der Ware ist. Also z.B.: Je höher der Preis, um so geringer die Nachfrage - eine spezielle Ausformung der üblichen Nachfragekurven.
Ich möchte hier noch auf einen weiteren Fakt hinweisen. Die Zufuhr von Waren (das Angebot) ist vom Standpunkt reiner Marktbedingungen ebenfalls vom Preis abhängig. Ein Preisrückgang z.B. drosselt in der Regel die Produktion und verringert damit langfristig das Angebot auf dem Markt. Der Einfachheit halber wird hier dieser Einfluß des Preises auf das Verhältnis von Angebot und Nachfrage vernachlässigt. Wir setzen voraus, daß in dem zu betrachtenden Zeitraum a=*konst.* ist und untersuchen, in welcher Weise sich der Marktmechanismus auf die Bewegung des Preises und der Nachfrage auswirkt.
Zu einem bestimmten Zeitpunkt t'=0 sei der Preis der Ware a_0 Ausdruck ihres Wertes:

$$P(a_0,0)=Y\cdot W(a_0)\ . \qquad (7.18)$$

Auf der Grundlage dieses Preises ergebe sich ein bestimmtes Verhältnis von Angebot und Nachfrage, das durch $n(a_0,0)$ ausgedrückt werde. Je nachdem, ob (i) n=0 ist (Übereinstimmung von Angebot und Nachfrage), (ii) n>0 (zu große Nachfrage) oder (iii) n<0 (zu großes Angebot) ist, bleibt der Preis (i) stabil, (ii) er steigt oder (iii) fällt. $n(a_0)$ ist demnach bestimmend für die Größe und Richtung der Preisbewegung. Bedenkt man, daß die Veränderung einer Größe mathematisch durch ihre erste Ableitung nach der Zeit dargestellt wird, so läßt sich leicht die Gültigkeit der Gleichung

$$\frac{d\,P(a_0,t')}{dt'} = X \cdot n(a_0,t') \quad \text{mit } 0 < X = konst. \tag{7.19}$$

einsehen.
Ist n=0, erhält man die triviale Lösung $P(t') = konst.$ Wir setzen deshalb im weiteren $n \neq 0$ voraus.
Die Formel (7.19) wird zu einer lösbaren Differentialgleichung, wenn man die Funktion $n(a_0,t')$ im Sinne des Ansatzes (7.17) bei Berücksichtigung von (7.9) präzisiert:

$$\frac{dP(t')}{dt'} = \frac{X \cdot P(0) \cdot \bar{a}(0)}{P(t')} - X \cdot a\,. \tag{7.20}$$

Nach einigen Schritten der Integration erhält man als Lösung von (7.20) die implizite Funktion

$$P(t') + \frac{P(0)\bar{a}(0)}{a} \ln\left|1 - \frac{a \cdot P(t')}{P(0)\bar{a}(0)}\right| + X \cdot a \cdot t' - \frac{P(0)\bar{a}(0)}{a} = C, \tag{7.21}$$

die wir kurz diskutieren müssen, um daran das ökonomisch Relevante zu erkennen.
Der 2. Term der Gl.(7.21) hat nur einen Sinn, wenn stets

$$P(0)\bar{a}(0) \neq P(t')\,a$$

ist. Es sind zwei Fälle möglich:

1. Fall: $P(0)\bar{a}(0) \succ P(t')\,a$. (7.22)

Mit Hilfe der Gl.(7.17) folgt daraus:

$$\bar{a}(t') \succ a\,. \tag{7.23}$$

Die sich zeitlich ändernde Nachfrage ist (bleibt) ständig größer als das konstante Angebot.
Außerdem gilt für den veränderlichen Preis wegen (7.22) und seiner Nichtnegativität:

$$\frac{\bar{a}(0)P(0)}{a} \succ P(t') \geq 0\,, \tag{7.24}$$

d.h. er bleibt ständig kleiner als die Größe

$$\frac{\bar{a}(0)P(0)}{a} = m(0)P(0)\,. \tag{7.25}$$

Bringt man den 3.Term der Gleichung (7.21) auf die rechte Seite und läßt $t' \to +\infty$ gehen, so sieht man, daß wegen der Beschränktheit von $P(t')$ (siehe 7.24!) der 2.Term gegen $-\infty$ streben muß. Dies ist genau dann der Fall, wenn

$$P(t') \to \frac{\bar{a}(0)P(0)}{a} \quad \text{für } t' \to +\infty. \tag{7.26}$$

Wieder aufgrund von (7.17) bedeutet das, daß

$$\bar{a}(t') \to a \quad \text{für } t' \to +\infty. \tag{7.27}$$

Die ökonomische Interpretation dieses 1. Falles liegt auf der Hand: Die Nachfrage tendiert dazu, sich an das (fixe) Angebot anzupassen. Der Preis tendiert nach (7.26) dazu, sich dem durch das Verhältnis von Angebot und Nachfrage modifizierten Preis (7.25) anzupassen, also ein Gleichgewicht herzustellen.

2. Fall. Es sei nun

$$P(0)\bar{a}(0) \prec P(t')\,a\,. \tag{7.28}$$

Nach (7.17) folgt

$$\bar{a}(t') \prec a\,. \tag{7.29}$$

Außerdem ist $P(t')$ nach unten beschränkt (siehe 7.28!).
Für $t' \to +\infty$ folgt analog zu den obigen Überlegungen (7.26) und (7.27). Die ökonomische Interpretation entspricht ebenfalls der obigen.

Berücksichtigt man in (7.26) die Formeln (7.25), (7.18) und (7.2) - letztere notiert für a_0 - sowie eine analoge Gleichung für den Preis, nämlich

$$P(a) = \frac{P(a_0)}{a_0} a, \tag{7.30}$$

so kann man als wesentliches Resultat festhalten:

$$\lim_{t' \to +\infty} P(a,t') = Y \cdot m(a_0,0) \cdot W(a) \; . \tag{7.31}$$

Man kann sicherlich annehmen, daß die Preisbewegung real in relativ kurzer Zeit abläuft. Sei $\hat{t}$ die empirisch zu ermittelnde Zeitspanne, in der sich das Verhältnis von Angebot und Nachfrage im Preis niederschlägt. Dann kann man die Funktion

$$t' = \left(1 - \frac{t}{\hat{t}}\right)^{-1} - 1 \quad \text{für} \quad 0 \le t \le \hat{t} \tag{7.32}$$

als Zusammenhang zwischen der realen Zeit t und dem zeitähnlichen Parameter t' ansehen. Diese Transformation gewährleistet, daß sich im mathematischen Modell die Preismodifikation in der endlichen Zeit $\hat{t}$ vollzieht. Damit geht (7.31) in

$$P(a,\hat{t}) = Y \cdot m(a_0,0) \cdot W(a) \tag{7.33}$$

über. Diese Formel enthält die angestrebte Präzisierung. Die Preise auf der linken Seite der Gleichungen (7.14) müssen sich demnach auf eine Marktsituation zu einer späteren Zeit als die Faktoren auf der rechten Seite beziehen. Zwischen beiden Größenarten liegt mindestens die 'Einstellzeit' $\hat{t}$.

Dieser quantitative Unterschied ließe sich leicht als Verweis auf einen tiefer liegenden qualitativen Unterschied interpretieren, nämlich den zwischen Wesen und Erscheinung. Auf der linken Seite der Gleichungen (7.14) stehen demnach die modifizierten Preise, die sich nach einer gewissen Preisbewegung einstellen und ein neues Verhältnis von Angebot und Nachfrage erzeugen, und zwar ein solches, das durch ein Gleichgewicht zwischen beiden Seiten charakterisiert ist (siehe 7.27!). Dagegen beziehen sich die Faktoren rechts auf ein Verhältnis von Angebot und Nachfrage bei einem Preis, der dem Wert entsprechen würde. Die ganze rechte Seite der Gleichungen (7.14) spiegelt somit Verhältnisse wider, von denen die erscheinende Oberfläche des Marktes abhängt, Verhältnisse, die diese Oberfläche bestimmen, ohne unmittelbar selber von ihr bestimmt zu werden. Die im Marktpreis mögliche Modifikation der Erscheinung des Wesens (der Wertverhältnisse) hat also die Tendenz zum Gleichgewicht von Angebot und Nachfrage. Hinter dieser 'Harmonie' verbirgt sich aber die Unterdrückung jener gesellschaftlichen Bedürfnisse, für deren Befriedigung die entsprechenden Geldmittel fehlen.

8. THEORIE DER NEGATIVEN WERTE

In diesem Kapitel wende ich mich einem Thema zu, das ebenfalls an der Grenze dessen angesiedelt ist, was man als den (relativ!) gesicherten Grundbestand werttheoretischen Wissens ansehen kann, den *negativen Werten*. "Gesichert" ist dabei die Einsicht, daß unter gewissen Umständen negative Werte auftreten, umstritten bleibt, wie man mit diesem Problem, das manche für eine Anomalie halten, umgehen sollte. Ausgehend von einem viel diskutierten Beispiel wird hier eine Interpretation negativer Werte vorgeschlagen, die - wenn sie sich in der weiteren Forschung und Diskussion bewährt - der AQT eine völlig neue Dimension erschließen würde: die der ökologischen Problematik nämlich.

8.1. KUPPELPRODUKTION MIT NEGATIVEN WERTEN

Ian Steedman konstruiert einfache Beispiele volkswirtschaftlicher Strukturen, die dazu dienen sollten, das von *Wolfstetter*[1] aufgestellte und von *Morishima*[2] so genannte "Marxsche Fundamentaltheorem" der logischen Äquivalenz zwischen positiven Profiten und positiven Mehrwerten zu widerlegen.[3] Abgelöst von diesem - angesichts der Redundanz von Wert- oder Preistheorie - inzwischen *rein akademischen* Zweck und dem damit verbundenen Streit in verschiedenen Publikationen durch eine Reihe von Autoren wird hier Steedmans Modell aufgegriffen, um zunächst einmal die bedingte Notwendigkeit des Auftretens negativer Werte zu demonstrieren und dann eine Interpretation negativer Werte vorzuschlagen, die sich zwanglos in den Rahmen der AQT einfügt.

In der oben eingeführten Notation lautet das Beispiel folgendermaßen: Wir betrachten ein 2-Zweig-Modell mit Kuppelproduktion, d.h., es werden nur 2 Güter unterschieden, wobei jedes von ihnen in jedem der beiden Zweige erzeugt wird. Die dazugehörige Bruttoproduktmatrix hat jetzt auch außerhalb der Hauptdiagonalen von Null verschiedene Elemente, zum Beispiel:

$$Q = \begin{Vmatrix} 6 & 1 \\ 3 & 12 \end{Vmatrix} \tag{8.1}$$

[1] Vgl. E. Wolfstetter: Surplus Labour, Synchronised Labour Costs and Marx's Labour Theory of Value. Economic Journal. Bd. 83. 1973 (9). S.787 ff.

[2] Vgl. M. Morishima: Marx's Economics. A Dual Theory of Value and Growth. Cambridge 1973.

[3] Vgl. I. Steedman: Positive Profits With Negative Surplus Value. In: The Economic Journal. Bd. 85. 1975 (3). S.114 ff.

Im 1. Industriezweig werden 6 Güter der Sorte a_0 und 1 Gut der Sorte b_0 erzeugt, während im 2. Zweig 3 Güter a_0 und 12 Güter b_0 produziert werden. Weiterhin wird angenommen, daß zur Produktion dieser Güter im ersten Zweig 5 a_0 und im zweiten Zweig 10 b_0 verbraucht werden. Die Matrix des absoluten Verbrauchs der Produktionsmittel lautet demnach

$$Z = \begin{Vmatrix} 5 & 0 \\ 0 & 10 \end{Vmatrix} \tag{8.2}$$

Dabei wird für beide Zweige dieselbe (einfache) Arbeit unterstellt - wie ja die meisten mathematischen Modelle davor zurückschrecken, Arbeit verschiedenen Kompliziertheitsgrades zu berücksichtigen. Dies drückt sich hier folgendermaßen aus:

$$u = \begin{Vmatrix} 1 \\ 1 \end{Vmatrix} \tag{8.3}$$

Diese Idealisierung erspart die Reduktion auf einfache Arbeit. Dem theoretischen Ansatz homogener Arbeit entsprechend wird für die Arbeitskraft in beiden Zweigen derselbe Güterverbrauch (während einer Produktionsperiode) angenommen:

$$D = \begin{Vmatrix} 1/2 & 5/6 \\ 1/2 & 5/6 \end{Vmatrix} \tag{8.4}$$

Prüfen wir zunächst die "ökonomische Lebensfähigkeit" dieses volkswirtschaftlichen Modells! Es ist

$$e(Q - Z - D) = [1 \quad 1]\left\{\begin{Vmatrix} 6 & 1 \\ 3 & 12 \end{Vmatrix} - \begin{Vmatrix} 5 & 0 \\ 0 & 10 \end{Vmatrix} - \begin{Vmatrix} 1/2 & 5/6 \\ 1/2 & 5/6 \end{Vmatrix}\right\} = [1 \quad 4/3] = s \succ 0 \tag{8.5}$$

Das positive Surplusprodukt s garantiert die "Lebensfähigkeit" der von Steedman konstruierten 'Volkswirtschaft' - insofern die gebrauchswertmäßig-stoffliche Struktur betrachtet wird.

Für die weiteren Überlegungen ist außerdem das Nettoprodukt von Bedeutung:

$$Q - Z = \begin{Vmatrix} 1 & 1 \\ 3 & 2 \end{Vmatrix} \tag{8.6}$$

Demnach erzeugt der Zweig 1 mit einer Arbeitskraft 1 Gut von der Sorte a_0 und 1 Gut b_0, während der Zweig 2 mit dem gleichen Aufwand 3 Güter a_0 und 2 Güter b_0 herstellt. Wenn es sich tatsächlich um *nützliche Güter* handelt, ist offenbar der zweite Zweig gebrauchswertmäßig gesehen effektiver als der erste Zweig.
Gehen wir nun zu den wertmäßigen Zusammenhängen über! Es gilt

$$Zw + Tu = Qw \tag{8.7}$$

wobei - den anderen Annahmen entsprechend - die Arbeitszeit in beiden Zweigen einheitlich ist und sich über die gesamte Produktionsperiode erstreckt, also

$$T = \begin{Vmatrix} 1 & 0 \\ 0 & 1 \end{Vmatrix} . \tag{8.8}$$

Außerdem sollte man sich jetzt an den Kompliziertheitsgrad der Arbeit erinnern, der bei homogener Arbeit in beiden Zweigen gleich ist. Das wird bereits durch Gleichung (8.3) zum Ausdruck gebracht. Aus der Gl. (8.7) folgt

$$(Q - Z)w = Tu \tag{8.9}$$

mit den Zahlen des Steedman-Beispiels ergibt das die Bestimmungsgleichung für den Wertevektor w :

$$\begin{Vmatrix} 1 & 1 \\ 3 & 2 \end{Vmatrix} w = \begin{Vmatrix} 1 \\ 1 \end{Vmatrix} \tag{8.10}$$

Diese Gleichung hat (in der Schreibweise Gantmachers) eine nicht-triviale Lösung

$$w = (-1 \quad 2) = \begin{Vmatrix} -1 \\ +2 \end{Vmatrix} \tag{8.11}$$

d.h., a_0 trägt einen negativen Wert von einer Werteinheit, während das Gut b_0 einen Wert von + 2 WE hat. - Der Wert der Arbeitskraft ist durch den negativen Wert des "Gutes" a_0 etwas reduziert, nämlich zu

$$W(AK) = 1/2\, w_1 + 5/6\, w_2 = 7/6 \ \text{(WE)}. \tag{8.12}$$

Andererseits wird bei

$$u(A) = u(B) = 1 \tag{8.13}$$

eine Werteinheit je Arbeitskraft erzeugt bzw. vergegenständlicht. Die Differenz zwischen Neuwert (Wertprodukt) und Wert der Arbeitskraft ergibt den Mehrwert. In dem hier diskutierten Fall ergibt sich für beide Zweige

$$m = 1 - 7/6 = -1/6 \ , \tag{8.14}$$

also ein *negativer Mehrwert*. Die Mehrwertrate ist ebenfalls negativ:

$$m' = m/v = m/W(AK) = -1/7 \ . \tag{8.15}$$

Die gleichen Resultate erhält man, wenn man die in Kapitel 3 vorgestellte werttheoretische Grundgleichung auf die Analyse dieses Beispiels anwendet. Es ist

$$[Q - Z - D(1 + m')]w = 0 \ . \tag{8.16}$$

Damit diese Gleichung eine nicht-triviale Lösung hat, muß

$$Det[Q - Z - D(1 + m')] = 0 \tag{8.17}$$

sein. Nach einfacher Rechnung erhält man $m' = -1/7$ und wiederum die Lösung $w = (-1 \quad 2)$. Unter den angenommenen gebrauchswertmäßig-stofflichen Strukturverhältnissen treten also mit Notwendigkeit negative Wertgrößen, negative Mehrwertraten und - tendenziell wenigstens - auch negative Werte für die Arbeitskräfte auf. - Daß dieselbe naturale Struktur mit positiven Preisen und einer positiven Profitrate funktioniert, sei hier nur am Rande vermerkt: dieser Punkt war zwar *historisch* der Auslöser einer interessanten Debatte, ist aber kaum noch von Bedeutung, wenn man Preis- und Wertebene als voneinander unabhängige Strukturen ansieht.

8.2. INTERPRETATIONEN

Aus der Sicht traditioneller Vorstellungen über die Werttheorie müssen diese Resultate befremdlich wirken. Insbesondere stellt man sich die Werte in der Marxschen Theorie als eine Art "Gallerte unterschiedsloser menschlicher Arbeit" vor, als die kristallisierte (gesellschaftliche) Substanz menschlicher Arbeit.[4] In

[4] Vgl. K. Marx: Das Kapital. Bd.1. A.a.O. S.52.

Ermangelung einer sinnvoll erscheinenden ökonomischen Interpretation *negativer Werte* haben fast alle noch irgendwie arbeitswerttheoretisch denkenden Ökonomen den Weg gewählt, die Paradoxie, die die Existenz negativer Werte darstellt, aus dem Universum ihrer ontologischen Grundannahmen zu verbannen. Möglicherweise verbirgt sich dahinter auch die Befürchtung, daß eine im Rahmen der AQT entwickelte "Theorie negativer Werte" die Werttheorie in den Augen der Vertreter des Mainstreams der theoretischen Ökonomie noch weiter diskreditieren könnte. Theoretiker wie *Morishima* und *Catephores* griffen sogar auf einen Wertbegriff des frühen Marx zurück, um das Problem negativer Werte zu umgehen.[5]

Der Horror vor dem "negativen Wert" verrät aber philosophisch gesehen Reste eines spinozistischen Substanzdenkens, nach dem es nur "Positives" gibt, wie beispielsweise in der Thermodynamik keine *Kälte* vorkommt, sondern nur *mangelnde Wärme*. Analog dazu wird der Wert als eine Substanz gedacht, eben als eine "Gallerte" vergegenständlichter Arbeit, die entweder da ist oder aber nicht da ist und von der es bestenfalls ein Mehr oder Weniger geben kann. Ein "negativer Wert" läßt sich im Rahmen einer Substanzkonzeption verständlicherweise nicht denken.

Aus wissenschaftstheoretischer Sicht wäre in diesem Zusammenhang das wenig innovative Verharren in einem Paradigma zu kritisieren, dessen Grundannahmen den mathematischen Größenbegriff auf seine positive Dimension reduziert und sich damit das Problem negativer Werte (eine "Anomalie" im Sinne *Thomas S. Kuhns*) einhandelt.

Ökonomisch gesehen verrät die Beschränkung auf "positive Werte" das Interesse an den intendierten Ergebnissen der gesellschaftlichen Produktion. Volkswirtschaftlich unerwünschten Erscheinungen wie ineffektive Technologien und schädliche Nebenprodukte werden auf diese Weise aus dem Gesichtskreis der ökonomischen Theorie entfernt.

Im wesentlichen geht es also um eine *vernünftige ökonomische Interpretation* der im Rahmen der AQT unter bestimmten Bedingungen auftretenden negativen Werte. *Steedman* legt nahe, sein Untersuchungsresultat mit der Ineffektivität der Produktion im Zweig 1 - bei gleichzeitiger Existenz einer effektiveren Technologie im Produktionssystem - zu erklären.[6] Um diese Interpretation plausibel zu machen, kann man das Nettoprodukt wie folgt um jeweils eine Einheit variieren. Um beispielsweise 4 Güter a_0 und 3 Güter b_0 als Nettoprodukt zu erzeugen, wer-

---

5 Vgl. Michio Morishima / George Catephores: Value, exploitation and growth. Berkshire 1978. Auf den Seiten 30ff. wird das hier wiedergegebene Modell diskutiert.

6 Dieser Aspekt wird stärker von Peter Flaschel herausgearbeitet. Die folgende Darstellung orientiert sich teilweise an dieser Arbeit. Vgl. P. Flaschel: Zu technologischen Sichtweisen des quantitativen Wertproblems in Gleichgewichtsmodellen - eine Alternative. In: Mehrwert. Beiträge zur Kritik der politischen Ökonomie. (13) Westberlin / Bremen 1977. S.109 ff.

den insgesamt 2 Arbeitskräfte benötigt - Fall (i):

$$e(Q-Z)=\begin{bmatrix}1 & 1\end{bmatrix}\begin{Vmatrix}1 & 1\\ 3 & 2\end{Vmatrix}=\begin{Vmatrix}4 & 3\end{Vmatrix} \qquad \text{(Nettoprodukt)}$$

$$el^T=\begin{bmatrix}1 & 1\end{bmatrix}\begin{Vmatrix}1\\ 1\end{Vmatrix}=2 \qquad \text{(Arbeitskräfte)} \qquad (8.18)$$

Würde allein der Zweig 1 produzieren, und zwar mit 4 Arbeitskräften, ergäbe sich dort ein viermal so hoher Verbrauch und die folgende Struktur. Fall (ii):

$$e(Q-Z)=\begin{bmatrix}1 & 1\end{bmatrix}\begin{Vmatrix}4 & 4\\ 0 & 0\end{Vmatrix}=\begin{bmatrix}4 & 4\end{bmatrix} \qquad \text{(Nettoprodukt)}$$

$$el^T=\begin{bmatrix}1 & 1\end{bmatrix}\begin{Vmatrix}4\\ 0\end{Vmatrix}=4 \qquad \text{(Arbeitskräfte)} \qquad (8.19)$$

Dementsprechend erhält man mit 3 Arbeitskräften im Industriezweig 1 den Fall (iii):

$$e(Q-Z)=\begin{bmatrix}1 & 1\end{bmatrix}\begin{Vmatrix}3 & 3\\ 0 & 0\end{Vmatrix}=\begin{bmatrix}3 & 3\end{bmatrix} \qquad \text{(Nettoprodukt)}$$

$$el^T=\begin{bmatrix}1 & 1\end{bmatrix}\begin{Vmatrix}3\\ 0\end{Vmatrix}=3 \qquad \text{(Arbeitskräfte)} \qquad (8.20)$$

Ein Vergleich zwischen Fall (i) und Fall (ii) zeigt, daß für die zusätzliche Produktion eines Gutes b_0 2 Arbeitskräfte mehr benötigt werden. Daran ist für sich genommen nichts Außergewöhnliches. Ein Vergleich von Fall (iii) mit (i) zeigt jedoch, daß durch die Veränderung der gesamtgesellschaftlich angewandten Technologie der gesamtgesellschaftliche Arbeitsaufwand um eine Einheit gesenkt, die Produktion von Gütern der Sorte a_0 trotzdem aber um eine Einheit erhöht werden kann. Daraus kann man schließen, daß die Produktion allein im Zweig 1 weniger effektiv ist als wenn man unter Zuhilfenahme des anderen Zweigs produziert.

Eine andere Interpretation desselben Beispiels bestünde darin, anzunehmen, daß es nicht die *Produktion* von a_0, sondern seine *Konsumtion* (Vernichtung) ist, die Arbeit erfordert. Denn wenn dies der Fall sein sollte, dann bedeutet der Einsatz weniger Arbeitskräfte, daß weniger Güter a_0 vernichtet werden können, also im Endeffekt auch mehr Güter a_0 entstehen. Es fragt sich dann aber, was für "Güter" dies wohl sein mögen, die die Eigenschaft haben, in der gesellschaftlichen Produktion zu entstehen, und zwar sowohl durch Arbeit, als auch durch einen Mangel an Arbeit. Offenbar können im vorliegenden Beispiel Güter der Sorte a_0 als Nebenprodukt einer volkswirtschaftlichen Produktion angesehen werden, deren Hauptprodukt Güter der Sorte b_0 sind, wobei die Verringerung der Nebenprodukte zusätzliche Arbeit erfordert. *Schadstoffe* haben im allgemeinen dieses Merkmal. Steedmans Beispiel läßt demnach 2 Interpretationen zu: Negative Werte entstehen, (i) wenn nützliche Produkte mit gewissen (ineffektiven) Technologien hergestellt werden, obwohl bereits effektivere Technologien existieren und genutzt werden, und (ii) wenn als Nebenprodukte Schadstoffe entstehen, deren Vernichtung Arbeit erfordern würde. Beide Effekte vermindern die Gesamtbilanz produzierter Werte: Gesamtgesellschaftlich gesehen wird bei (i) mit zu hohem Arbeitsaufwand produziert und unter Bedingung (ii) ein Produkt erzeugt, daß 'Nacharbeit' erfordert und insofern ebenfalls die Masse der produzierten Werte schmälert.

Wird die Interpretation negativer Werte als ökonomischer Ausdruck schädlicher Nebenprodukte akzeptiert, erfordert dies eine Erweiterung der im 2. Kapitel eingeführten mathematischen Symbolik: diese dürfte sich dann nicht nur auf die nützlichen Dinge (die Gebrauchswerte) beschränken, sondern müßte auch diejenigen (wirtschaftlich relevanten) Dinge einbeziehen, die geradezu das Gegenteil von "nützlich" sind, nämlich die Schadstoffe.[7] - Man sollte annehmen, daß diese an praktischen Realitäten orientierte Ausdehnung des Gültigkeitsbereiches der Werttheorie ihre Bedeutsamkeit eher steigert als vermindert.

Die hier entwickelte Theorie der negativen Werte geht dagegen davon aus,

(i) daß die ökonomische Wertkategorie keine Substanz im spinozistischen Sinne ausdrückt, sondern die bei einem gegebenen Stand der Produktivität zur Herstellung eines Gebrauchswerts notwendige gesellschaftliche Arbeit;

(ii) daß der Wert nicht nur ein spezifisches gesellschaftliches Verhältnis, sondern (unter einem bestimmten Aspekt) auch eine Größe im mathematischen Sinn ist, die sowohl positiv als auch negativ sein kann;

(iii) daß der negative Wert definiert werden kann als die in gewisse Produkte erst noch zu vergegenständlichende gesellschaftlich notwendige Arbeitszeit, die erforderlich ist, um diese Produkte in einen Gebrauchswert umzuwandeln. Träger negativer Werte können also

(i) nur Produkte menschlicher Arbeit sein, die aber

(ii) kein irgendwie nützliches Gut darstellen, sondern

(iii) erst noch in einen mit menschlichen Bedürfnissen verträglichen Zustand

[7] Der Begriff des Arbeitsprodukts ist ebenfalls entsprechend zu erweitern.

überführt werden müssen, indem sie dann entweder Ausgangspunkt weiterer Produktion, Gegenstand des Genusses oder auch nur eine Art Abfall darstellen, mit dem man leben kann.[8]

Prüfen wir zum Abschluß dieses Abschnittes die begriffliche Konsistenz der Interpretation negativer Werte als wertmäßiger Ausdruck schädlicher Nebenprodukte im Rahmen der hier vorgetragenen Theorie: Die Bruttoproduktmatrix (8.1) stellte nach dieser Interpretation die widersprüchliche Nützlichkeitsstruktur des gesamtgesellschaftlichen Produkts in Rechnung: Jede gesellschaftliche Produktion erzeugt als Neben- oder Kuppelprodukt Schadstoffe. Man kann das gesamte Steedman-Beispiel als vereinfachtes Modell des Wirtschaftens überhaupt ansehen: a_0 repräsentiert die niemals ganz vermeidbaren Schadstoffe und b_0 stellt - wiederum vereinfacht - die Gesamtheit der nützlichen Güter dar. Die Verbrauchsmatrix (8.2) spiegelt den 'normalen' Verbrauch nützlicher Güter als Produktionsmittel wider, aber auch die teilweise Entsorgung schädlicher 'Güter' durch einen der Produktionsprozesse. Die Konsummatrix (8.4) berücksichtigt die unangenehme Tatsache, daß in den Reproduktionsprozeß der Arbeitskräfte zwangsläufig auch schädliche 'Güter' eingehen, die dann - und das ist wieder sehr plausibel - deren Wert vermindern (vgl. Gl. 8.12!). Zum Surplusprodukt (8.5) gehören nun nicht nur produktionstechnisch überflüssige Güter, die von den Nicht-Arbeitern konsumiert werden können, sondern auch überschüssige Schadstoffe, die wahrscheinlich ebenfalls konsumiert werden, wenn auch unfreiwillig. Ähnliches läßt sich vom Nettoprodukt (8.6) sagen. Die entsprechende Matrix zeigt nicht nur die untrennbare Verkopplung von Gütern und Schadstoffen, sondern auch, daß der Prozeß 1 unter ökologischem Gesichtspunkt zu bevorzugen wäre, da er verhältnismäßig weniger Schadstoffe produziert. Das wirft auch ein völlig neues Licht auf den Technologievergleich (8.18-8.20): die beiden zu (8.18) alternativen Produktionsstrukturen basieren beide auf der ökologisch vorteilhafteren Technologie des 1. Zweiges, benötigen dafür aber mehr Arbeitskräfte als die "effektivere" Produktionsstruktur (8.18). - Auch dieser Effekt ist aus der Diskussion der Umweltproblematik hinreichend bekannt. Schließlich ist der Mehrwert negativ, weil gesamtgesellschaftlich übergewichtig ein Produkt erzeugt wird, in das noch Arbeit investiert werden müßte, um es in ein (wenigstens neutrales) Gut umzuwandeln - im Vergleich zu den sonst noch produzierten (nützlichen) Gütern. Daß dabei gleichzeitig, wie Steedman gezeigt hat, ein positiver Profit entsteht, belegt ein weiteres Mal die Tatsache, daß das Steuerungsmedium Preis wesentliche ökonomische Zusammenhänge (hier die Produktion von Schadstoffen) ausblendet.

---

8 Steedmans Kritik am Begriff der gesellschaftlich notwendigen Arbeit als wertbestimmend muß demnach zurückgewiesen werden: nicht dieser Begriff, sondern die Substanzvorstellung behindert eine ökonomisch sinnvolle Interpretation negativer Werte.

Wie verträgt sich die Existenz negativer Werte mit dem im 8. Kapitel erörterten Marktpreis? Dazu nur kurz ein paar "protomathematische" Andeutungen: Gesetzt, Schadstoffe werden auf einem Markt angeboten! Es ist sicherlich plausibel, anzunehmen, daß diese Art von 'Gütern' so ohne weiteres auf keine Nachfrage treffen wird. Der Wert von Schadstoffen scheint deshalb zunächst einmal gleich Null zu sein. Daß er tatsächlich negativ ist, erkennt man daran, daß niemand Schadstoffe auch nur geschenkt haben will. Um Abnehmer zu finden, müssen sie gekoppelt mit einem anderen Gut positiven Wertes, also zum Beispiel mit Geld, angeboten werden. Das dann angebotene "Kuppelprodukt" mit einem Wert größer oder gleich Null hat einen Preis größer oder gleich Null, wobei im ersteren Fall der Marktpreis durch das Verhältnis von Angebot und Nachfrage reguliert wird wie bei anderen Waren auch. Zieht man von dem so erzielten Preis den Preis des dazugegebenen Gutes ab, hat man den Preis des Schadstoffes, der in der Regel wohl ebenfalls negativ sein wird: Wer auf dem Markt seine Träger negativen Werts loswerden will, der muß dazuzahlen.

8.3. SCHLUßFOLGERUNGEN UND AUSBLICK

Das politisch verantwortungsvolle Denken unserer Zeit geht ziemlich allgemein davon aus, daß durch steigende Produktivität und Effektivität der gesellschaftlichen Produktion der Arbeitskräftebedarf tendenziell sinkt, so daß der Erwerbsarbeit entweder neue Felder erschlossen werden müssen oder/und die bestehende Arbeit durch Arbeitszeitverkürzung gerechter verteilt werden muß. Neben der Massenarbeitslosigkeit als Dauererscheinung haben wir es mit der ebenfalls massenhaften Produktion von schädlichen 'Gütern' zu tun bekommen, die als unerwünschte Nebeneffekte moderner und vormoderner Produktionstechniken auftreten, und zwar als ein weiteres, scheinbar vom ersten unabhängiges globales Problem.

Die Theorie der negativen Werte trägt zum Verständnis dieser praktischen Probleme nur wenig, aber Substantielles bei: Sie deckt den inneren Zusammenhang zwischen strukturell erzwungener Arbeitslosigkeit und der Umweltproblematik auf, und sie zeigt auch, daß dieser Zusammenhang durch die Preisstruktur verstellt wird. Der werttheoretische Ansatz verlangt, daß der ökonomische Blick die Arbeitswelt in der Gesamtheit ihrer Produkte (einschließlich der Schadstoffe) wahrnimmt. Indem Güter mit negativen Werten als Schadstoffe interpretiert werden, erlaubt die AQT die Identifikation derjenigen Prozesse, in denen diese dominant entstehen. Damit begründet die Theorie negativer Werte das sogenannte "Verursacherprinzip" ökonomisch: die Kosten für die Neutralisierung von Schadstoffen sind nicht nur aufgrund von moralischen Überlegungen, sondern auch aus rein ökonomischer Sicht denjenigen Prozessen zuzurechnen, in denen sie entstanden sind. Damit folgt das Denken nur einem allgemeinen Prinzip, das bei positiven Werten als Selbstverständlichkeit betrachtet wird. In praktischer Hinsicht würde die Zuordnung positiver und negativer Werte zu den verursachenden Prozessen bedeuten, politisch eine gesellschaftliche Produktion zu erzwingen, die nicht nur in der durch die Preise vermittelten Illusion, sondern tatsächlich positive Werte erzeugt, indem sie die gesellschaftlich notwendige Arbeit zur Neutralisierung partiell entstehender negativer Werte ebenfalls aufbringt. In dem Maße der Realisierung einer solchen wirtschaftspolitischen Option wird es immer schwerer werden, auf Kosten der Allgemeinheit oder zukünftiger Generationen Profite zu erzielen. Inwieweit der so verstärkte Faktor "Arbeit" sich in einem höheren Preisniveau niederschlagen wird oder durch Einsparungen öffentlicher Ausgaben für eine nachträgliche Entsorgung kompensiert werden kann, wird die Erfahrung lehren. Beschäftigungspolitisch ergäbe sich jedenfalls zur Verkürzung der Arbeitszeit und zur Erschließung neuer Arbeitsfelder im Dienstleistungsbereich die ergänzende Alternative eines mit der Einführung von Umweltstandards tendenziell zunehmenden Arbeitskräftebedarfs im industriellen Sektor, der entsteht, um den ansonsten wachsenden 'Berg' negativer Werte abzutragen.

Im Hinblick auf zwei andere Paradigmen ökonomischen bzw. sozialwissenschaftlichen Denkens möchte ich aus der Theorie der negativen Werte noch folgende Schlußfolgerungen ziehen. Was vom Standpunkt des Marktes als eine negative Externalität der Produktion erscheint,[9] ist in Wahrheit eine negative Internalität der Produktion selbst, nämlich ein negativer Wert: Arbeit, die noch zu leisten wäre, um das Arbeitsprodukt in seiner Gesamtheit menschlichen Bedürfnissen anzupassen. Die Vergegenständlichung menschlicher Arbeit als Wert, der von Dingen 'getragen' werden muß, ermöglicht die Verteilung positiver und negativer Werte auf verschiedene Dinge, nämlich Güter und Schadstoffe. Die ersteren werden vermarktet, während die letzteren oft den folgenden Generationen zur Bearbeitung überlassen bleiben - ein ziemlich einfach zu verstehender Vorgang, der keinerlei Dialektik benötigt, so sehr in diesem Kontext auch Begriffe wie "Totalität" und "Verdinglichung" eine Rolle spielen mögen.

Die Entwicklung einer Theorie erfordert die Diskussion ihrer verschiedenen Seiten, Elemente und Instanzen wie Begriffe, Interpretationen, Fakten, Hypothesen, Methoden, Formeln, mathematische Probleme usw. Die Theorie negativer Werte ist weder ausgereift noch komplett. Fragen, wie die nach der Existenz eines eindeutig bestimmten Wertevektors oder die nach der Bedeutung des Surplusproduktvektors bei Berücksichtigung von Schadstoffen, stellen sich erneut, wenn der hier vorgetragene Vorschlag ernst genommen wird. Wenn die mathe-

9 Vgl. E. Weede: Wirtschaft, Staat und Gesellschaft. Zur Soziologie der kapitalistischen Marktwirtschaft und der Demokratie. Tübingen 1990. S. 203.

matische Darstellung an dieser Stelle abbricht, so deshalb, um der Diskussion begrifflicher und interpretatorischer Aspekte Raum zu geben, bevor weiter in das mathematische Modell investiert wird.
Die Theorie negativer Werte ist eine der 'Schnittstellen', die die Werttheorie mit praktisch relevanten Problemen verbindet, in diesem Fall mit dem sehr speziellen Problem der Umweltzerstörung. Um zum Abschluß wenigstens noch anzudeuten, worin der Autor dieser Zeilen weitere 'Schnittstellen' sieht, die in den meisten Fällen auch 'Baustellen' für die weitere Ausarbeitung der AQT sein könnten, hier ein paar Andeutungen.
Unter dem Gesichtspunkt der weiteren Integration in die moderne Wissenschaft käme es in erster Linie darauf an, die Werttheorie weiter fit für eine qualifizierte empirische Überprüfung zu machen sowie Brücken zu den verschiedenen Theorien des Mainstreams der Volkswirtschaftslehre aufzubauen (die Theorie der komparativen Kostenvorteile - ob in neuerer oder älterer Fassung - könnte dabei eine zentrale Rolle spielen). Auch innerhalb der AQT gibt es noch eine Fülle von Aufgaben zu lösen, beispielsweise die explizite Darstellung von Dienstleistungsprozessen und ihre Integration in das allgemeine Modell oder die Konstruktion eines Reproduktionsmodells, das sozusagen zwei Sphären aufweist, eine für die Werte und die andere für die Marktpreise, verbunden durch eine Vielzahl von Angebots-Nachfrage-Beziehungen. In einem werttheoretischen Modell sollte es auch nicht schwierig sein, Geld bzw. Geldströme zu berücksichtigen. Mathematisch weniger aufwendig, aber von praktischem Interesse könnte die Diskussion einfacher werttheoretischer Modelle sein, die bestimmte (idealtypische) Prämissen verkörpern: z.B. Modelle für die welt- bzw. volkswirtschaftliche Reproduktion mit immer weniger (oder gar keinen) Arbeitskräften oder die Analyse betriebswirtschaftlicher Prozesse mit Hilfe des Instrumentariums der AQT. Schließlich soll darauf hingewiesen werden, daß die Anwendung der AQT nicht auf das beschränkt werden muß, was man traditionell der Ökonomie zuweist. Um auch dafür ein Beispiel zu nennen: Durch Begriffe wie "kulturelles" und "soziales Kapital", die in quantitativer Hinsicht auf die für Bildung und Beziehungspflege aufgewendete Zeit verweisen, erlangen werttheoretische Überlegungen auch eine Bedeutung für die Soziologie, deren diesbezüglichen Beiträge auch umgekehrt für die Präzisierung der mathematischen Darstellung individueller Reproduktionsprozesse genutzt werden müßten.[10]

[10] Vgl. Pierre Bourdieu: Die verborgenen Mechanismen der Macht. Hamburg 1992. S.49-79.

PERSONENVERZEICHNIS

SACHVERZEICHNIS

VERZEICHNIS DER ZITIERTEN LITERATUR

Becker, W.: Kritik der Marxschen Wertlehre. Hamburg 1972.

Böhm-Bawerk, E.v.: Zum Abschluß des Marxschen Systems (1896). In: H. Meixner / M. Turban (Hrsg.): Etappen bürgerlicher Marx-Kritik. Lollar / Gießen 1974.

Bortkiewicz, L.v.: Wertrechnung und Preisrechnung im Marxschen System. In: Archiv für Sozialwissenschaften und Sozialpolitik. Bd. 23 und 25, 1906 und 1907.

Bortkiewicz, L.v.: Zur Berichtigung der grundlegenden theoretischen Konstruktion von Marx im 3. Band des "Kapital". In: Jahrbücher für Nationalökonomie und Statistik. Bd.34. 1907.

Bourdieu, P.: Die verborgenen Mechanismen der Macht. Hamburg 1992.

Feess-Dörr, E.: Die Redundanz der Mehrwerttheorie. Marburg 1989.

Flaschel, P.: Zu technologischen Sichtweisen des quantitativen Wertproblems in Gleichgewichtsmodellen - eine Alternative. In: Mehrwert. Beiträge zur Kritik der politischen Ökonomie. (13) Westberlin / Bremen 1977.

Gantmacher, F.R.: Matrizenrechnung. Bd.1 und 2. Berlin 1970.

Hegel, G.W.F.: Wissenschaft der Logik. 1. Teil. (Hrsg. G. Lasson.) Berlin 1975.

Helmedag, F.: Warenproduktion mittels Arbeit. Zur Rehabilitation des Wertgesetzes. Marburg 1992.

Howard, M.C. / King, J.E.: Dr. Mühlpfort, Professor von Bortkiewicz and the "transformation problem". In: Cambridge Journal of Economics. 1987. Bd.11.

Huber, G.: Wert und Preis, Mehrwert, Profit und Rente. In: F. Quaas / G. Quaas (Hrsg.): Elemente zur Kritik der Werttheorie. Frankfurt a. M. 1997.

Jöreskog, K.G. / Sörbom, D.: LISREL 7 User's Reference Guide. Scientific Software Inc. Mooresville 1989.

Mariolis, T.: The so-called Problem of Transforming Values into Prices. In: Political Economy. 5/1999.

Marx, K.: Das Kapital. Bd.1. In: Marx-Engels-Werke. Bd.23. Berlin 1986.

Marx, K.: Das Kapital. Bd.2. In: MEW. Bd.24. Berlin 1975.

Marx, K.: Das Kapital. Bd.3. In: MEW Bd. 25. Berlin 1981.

Morishima, M.: Marx's Economics. A Dual Theory of Value and Growth. Cambridge 1973.

Morishima, M. / Catephores, G.: Value, exploitation and growth. Berkshire 1978.

Mühlpfordt, W.: Karl Marx und die Durchschnittsprofitrate. In: Jahrbücher für Nationalökonomie und Statistik. Jena 1895. 3. Folge. Bd. 10.

Muehlpfordt, W.: Preis und Einkommen in der privatkapitalistischen Gesellschaft. Inaugural-Dissertation. Königsberg 1893.

Oberdorfer, G.: Das internationale Maßsystem und die Kritik seines Aufbaus. Leipzig 1969.

Ott, A.E. / Winkel, H.: Geschichte der theoretischen Volkswirtschaftslehre. Göttingen 1985.

Quaas, F.: Das Transformationsproblem. Ein theoriehistorischer Beitrag zur Analyse der Quellen und Resultate seiner Diskussion. Marburg 1992.

Quaas, F.: Das Transformationsproblem von Werten in Produktionspreise. In: Jahrbücher für Nationalökonomie und Statistik. Stuttgart 2000. Bd. 220/1.

Quaas, F.: Wolfgang Mühlpfordt - ein Vorgänger von Bortkiewicz? In: Jahrbücher für Nationalökonomie und Statistik. Stuttgart 1991. Bd. 208.

Quaas, G.: Dialektik als philosophische Theorie und Methode des 'Kapital'. Frankfurt a. M. 1992.

Quaas, G.: Die Transformation von Werten in Preise - Analyse und Rekonstruktion eines Beitrages zur politischen Ökonomie. In: S. Ryll / A. Yenal (Hrsg.): Politik und Ökonomie. Problemsicht aus klassischer, neo- und neuklassischer Perspektive. Festschrift für Gerhard Huber. Marburg 2000.

Quaas, G.: Kritische Bemerkungen zu einem ökonomisch-mathematischen Modell. In: Wissenschaftliche Zeitschrift der Universität Leipzig. Gesellschaftswissenschaftliche Reihe. 1990/ Heft 6. S.611 ff.

Quaas, G.: Werttheoretische Rekonstruktion der Konkurrenz als Ursache der Unterentwicklung. In: F. Quaas / G. Quaas (Hrsg.): Elemente zur Kritik der Werttheorie. Frankfurt a. M. 1997.

Quaas, G.: Wert und Gebrauchswert als Strukturen im ökonomischen Reproduktionsprozeß einer warenproduzierenden Gesellschaft. In: Wissenschaftliche Zeitschrift der Karl-Marx-Universität Leipzig. Gesellschaftswissenschaftliche Reihe 1987. Heft 4.

Quaas, G.: Zum Verhältnis von Wert und Preis aus mathematischer Sicht. In: Wirtschaftswissenschaft. Heft 11. Berlin 1984.

Reichardt, W.: Gleichungen in Naturwissenschaft und Technik. Größen und Einheiten richtig angewandt. Leipzig 1983.

Ruben, P.: Dialektik und Arbeit der Philosophie. Köln 1978.

Ruben, P.: Philosophie und Mathematik. Leipzig 1979.

Ruben, P.: Vom Problem der ökonomischen Messung und seiner möglichen Lösung. In: Quaas, F. / Quaas, G.: Elemente zur Kritik der Werttheorie. Frankfurt a.M. 1997.

Saris, W. / Stronkhorst, H.: Causal Modelling in Nonexperimental Research. Amsterdam 1984.

Schefold, B.: Nachworte. In P. Sraffa: Warenproduktion mittels Waren. Frankfurt a. M. 1976.

Seidelmann, P.: Das Eigensystem verflechtungsdeterminierter Preise der Volkswirtschaft und seine Bedeutung für die planmäßige Preisbildung im Sozialismus. Leipzig 1975.

Seton, F.: The "Transformation Problem". In: Review of Economic Studies. Bd.24 (1956/7).

Smirnow, W.I.: Lehrgang der höheren Mathematik. Bd.1. Berlin 1973.

Smith, A.: The Wealth of Nations. New York. Nachdruck 1991.

Sraffa, P.: Warenproduktion mittels Waren. Frankfurt a.M. 1976.

Stamatis, G.: The so-called Temporal Single System (TSS), the so-called Standard Simultaneous Methodology (SSM), and the correct definition of labour values. In: Political Economy. 5/1999.

Steedman, I.: Positive Profits With Negative Surplus Value. In: The Economic Journal. Bd. 85. 1975 (3).

Tairako, T.: Versachlichung und Verdinglichung in ihrer Beziehung zur Hegelschen Dialektik. Zur Erschließung der Logik der Verkehrung. In: Hokudai Economic Papers. Bd.12. 1982/83.

Weede, E.: Wirtschaft, Staat und Gesellschaft. Zur Soziologie der kapitalistischen Marktwirtschaft und der Demokratie. Tübingen 1990.

Wolfstetter, E.: Surplus Labour, Synchronised Labour Costs and Marx's Labour Theory of Value. Economic Journal. Bd. 83. 1973 (9).

Zalai, E.: Joint Production and Labour Values. In: Acta Oeconomica. Bd.35 (3-4).